JN157412

「空間」を「場所」に変えるまち育て

―まちの創造的編集とは―

北原啓司 著

萌文社

口絵

A. 煉瓦倉庫を「場所」に（本文22頁のストック活用に関する弘前市の事例）

現在、この煉瓦倉庫を弘前市が土地ごと買い取り、プロポーザルコンペの結果として、新しい芸術センターができあがる予定（設計は田根明さん、ディレクターは森美術館の南條史生さん、計画とコンペの委員長が北原啓司）。

B. 常念和尚の墓

和尚の名に因んで、果ては「津軽じょんがら」発祥のエピソードになったという説明を聞く子どもたちは……（42頁参照）。

C.「こみせまつり」の三味線演奏

「こみせ」の存在が都市計画に大きな意味を持った（74頁参照）。

D.「だってここ、私たちの場所だもん」
子どもから学んだ一言、至言である（92頁参照）。

E. つぶれたパチンコ店を屋台村にして街なか卒論発表会
弘前市の「かだれ横丁」です。放置されていた旧パチンコ店を、知人たちが屋内型屋台村にし、そこで地域の皆さんと毎年卒論発表会の打ち上げをやっている（93頁の記述に関連する「サードプレイス」）。

F. 銭湯のタイルにポストイット（旧松の湯再生基本計画）

「こみせサロン」：サロンの間に貯ったポストイットが、最後は壁面全体に拡がった（122頁参照）。

G. 松の湯交流館の外観

2015（平成27）年7月にオープンした（128頁参照）。

「空間」を「場所」に変えるまち育て

—まちの創造的編集とは—

はじめに

「超高齢社会」、あるいは「人口減少社会」、21世紀に入って十数年が経過して、日本各地では、このような表現が飽きるほど使われ、それを危惧する声で溢れかえっている。

たしかに、それ自体は、景気の良い話には聞こえないであろう。しかし、われわれは、それをネガティブに捉えているだけでいいのだろうか。折しも、都市計画の場面では、コンパクトシティという言葉が今世紀に入るや表舞台に登場してきている。最近は、立地適正化計画というツールが自治体担当者や都市計画コンサルタントの誤解を招き、人口の減少する地方都市に対して、結果的に追い打ちをかけてしまいかねない状況さえ現出している。

人口が増えることを、都市計画の目標にしてしまったのは、いつの頃からだろう。高度経済成長期から21世紀初めまでの約50年、いま各省庁で流行のKPI：Key Performance Indicator（重要業績評価指標）は、明らかに人口数であった。そしてその背景には、固定資産税の増収という期待感が存在していた。

人口が増えないことがわかったとき、われわれの都市は、目標の設定に戸惑ってしまうこととなった。「量から質」の時代と言われても、質を定量的に表現できないことをいいことに、古典的な尺度で目標像を設定し、しかもそれを推進していくための前時代的な政策や法制度のままで、都市計画は進められていくのだった。

時代は明らかに変わってきている。数で評価できる時代はすでに終わっていると言ってもよい。数を重視する時代は、それに対応すべく「空間」を次々に拡大していくしかなかった。さまざまな法制度で後押ししながら、「空間」は次々に生まれていった。それをコントロールするのが都市計画であると理解され、それを人々は、「成長」と見なしてきた。

だからこそ、人口指標が使えなくなった現在、景気のいい話ができない以上は、期待できる都市ビジョンは持てないという脱力感に苛まれている自治体が、全国に溢れてきているのである。そこに総務省が進める合併による自治体数の削減が重なり、右肩下がりという表現が、何とか元気であった自治体職員を萎えさせてきた。

「量から質へ」に続き、「フローからストックへ」、「所有から利用へ」と時代のキー・フレーズは次々に登場し、我々も理解した気分になっている。しかし、いまだに定量的なKPIで評価しようとする政策体系のもとに、人口減少の時代のまちづくりの姿を描くことは、ほとんど不可能と言っていいはずである。

考え方を転換しなければならない時期がやってきている。まちを大きくすることを目標としてきた価値観から、つくったものをどのように上手に使い、しかも育て続けていけるかという価値観にシフトする。一度形づくられた都市を、改めて「編集」していく。

分母を大きくしてきた「まちづくり」ではなく、分子を充実させていく「まち育て」の発想が、人口減少時代には必要な考え方ではないのか。

使われなくなった「空間」ばかりになってしまった分子を、活き活きとした「場所」として再生する。

分母が小さい方が、施策の効果は顕在化しやすいはずである。本書は、そこで必要となるまちを「編集」する眼というものを、私が関わってきた現場を通して、明らかにしていきたい。

著者

目次 C O N T E N T S

「空間」を「場所」に変えるまち育て
—まちの創造的編集とは—

第 I 章

まちづくり（成長社会）から
まち育て（成熟社会）へ

1. 成長の時代が意味するもの

GNPが世界一という報道のあった頃に成長期だった私は、日本政府と同様にただ大きくなることを夢見て部活に明け暮れていた。おかげで、高校3年間に身長が15cmも伸びるほどの急成長だった。日本もそのまま成長を続けていった。所得倍増とはいかないものの、いわゆるバブル景気までのあいだに、地価はどんどん上昇を続け、経済大国日本の名を世界に轟かせたのだった。

いわゆる線引き、区域区分の制度が盛り込まれた新しい都市計画法が施行されたのは、1968（昭和43）年だった。国全体で成長を目標としているある意味で幸せな時代にあって、人々は市街地をその欲望のままに次々に拡大させていく都市戦略の虜になっていった。折しも、米価調整の必要性から国の減反政策が打ち出されたこともあり、それまでの第一次産業の「場所」が次々に第二次産業の「空間」に変わり、またそれに伴う形で居住のための「空間」も拡がっていった。

それはE・ハワードが提起した「田園都市」[1]とは似て非なるものとして、日本各地に出現していくこととなる。ニュータウンならぬベッドタウンである。そもそも、ハワードの「田園都市」は、人口3万人程度の限定された規模で、自然と共生し、自律した職住近接型の緑豊かな都市を、大都市周辺部に建設するという発想であった。土地を所有するのではなく賃貸利用となり、その賃貸料を最初の建設費の償還に充てるので、現代社会のように地価の上昇が土地所有者の利益につながっていくものではなかった。原語では、Garden Cityと表現されている。

しかし、日本で紹介されたこの言葉は、土地所有を前提とした住宅地が次々に登場していく場面でイメージ的に使われることとなり、しかもそれは職住近接とはまったく無関係に、自動車の普及と連携する形で、市街地は一気に外延化していくのだった。

たしかに、第二次世界大戦後に、日本は住宅戸数が世帯数を下回る形となり、絶対量の圧倒的な不足に対応する形で、1953（昭和28）年には公営住宅法が制定され、とにかく数の確保が第一命題とされ、都市構造を再定義していく英国流の考え方とは異なる状況にあったことは否めない。しかしわれわれは、その違いに気づく暇もなく、成長を前提としたあらゆる施策を集中的に実施し、税金とエネルギーを惜しげもなく投下していった。

その結果が、冒頭のGNP世界一につながっていく。しかし、世界からは、その有様をエコノミックアニマルと叩かれ、1979（昭和54）年にECから出された『対日経済戦略報告書』[2)]の中で、日本の住宅はその狭さから「うさぎ小屋」と称されたのであった。「先進国に追いつけ、追い越せ」のスローガンのもとに進められてきた戦災復興からの都市計画は、そのようにあまり好ましくない評判を生みながらも、成長という大義名分のもとに、ときには目を瞑（つむ）り、また耳を塞（ふさ）ぎ、方向転換をすることもなく、また修正の必要性などまったく感じずに、進められていったのである。

実際、下の**表1**を見たときに、日本の住宅が先進諸国に比べて極端に狭い「うさぎ小屋」ではないことが明白である。むしろヨーロッパの方が持ち家の平均面積は小さいくらいである。持ち家の平均面積が小さくはないのに、

表1　先進国の住宅データ比較

	持家平均面積（㎡）	借家平均面積（㎡）	全住宅平均面積（㎡）
日本	122.3	46.0	94.4
米国	157.2	85.1	131.0
英国	108.5	72.1	95.8
フランス	123.4	69.3	100.0
ドイツ	129.3	77.9	100.5

（2015／2016版　建材・住宅設備統計要覧）

なぜ「うさぎ小屋」と称されることとなったのか。それこそが、成長の時代にわれわれが見落としてきた都市計画の大きな課題の一つではないだろうか。

その最もわかりやすい証拠が、日本と英国のデータ比較から顕著に浮かび上がってくる。じつは、借家の平均面積を見たとき、両国には大きな差がある。持ち家の面積は英国を大きく上回っている日本であるが、借家の面積はかなり小さい。福祉国家である英国では持ち家と借家の平均面積の差にそれほど差はない。しかしわが国の借家は、持ち家の平均面積の半分以下という事実がある。第二次世界大戦後の国を挙げての成長戦略の時代に培われてきた国民意識が、これを是とみなしてきたのである。「勤勉な日本人は、働いてお金を貯めて、必ずやいつか持ち家に居住する」。この幻想こそ、成長の時代の最も罪の大きい落とし子であるような気がしてならない。

土地所有が当然のことであるという発想は、成長の時代の戦略とシンクロしながら大きくなっていった。しかし、バブル崩壊、そしてリーマン・ショックを続けて経験してきた日本の現代社会は、いやがうえにも都市計画の基本コンセプトを再考する時期に到達しているのであった。しかもそれは、単にギアのシフトダウンというよりも、方向性そのものを変えることになる可能性がある。

それに気づく間もなく、成長の時代が突如終焉（しゅうえん）を迎えてしまうことになったのは、周知の通りである。地方都市中心部の地価の上昇は終わりを迎え、そこには何も利用されない「空間」が次々に拡大していった。30年前には、活発な利用を期待する「空間」が次々に生まれて、都市住民にとって魅力あふれる「場所」に変容していたのとは対照的に、かつて元気であったはずの「場所」が、空き家や空き地といった単なる「空間」に戻ってしまうのを、われわれは見守るしかなかった。

その様相は、全国各地で同じような形で出現していった。郊外のロードサイド店の乱立と中心商店街のシャッター通り化は、地域性を失わせ、全国の地方都市の景観を均質化させていくのであった。そこは、エドワード・レルフ[3)]に指摘されるまでもなく、いくらそこにさまざまな店舗が並ぼうとも、「場所」というにはほど遠い存在でしかなかった。

成長の時代のまっただ中にあって、成長が止まることなど、もちろん誰も考えてはいなかった。しかし、それを眼前にした現在、われわれには新しい都市戦略が必要となるはずである。成長の時代の都市戦略は、その目標の正当性から現実的な課題に目を瞑り、中心市街地の複雑な権利関係と真正面から対峙することを避けて、地価が低く用途規制などがほとんどない都市周辺部の開発を容認することが主たる目的となっていった。もちろん、農業政策として、それを止める力は法的に担保されてはいるものの、その農業でさえも、農業自体の衰退化から農地転用を受け入れる例外的な考え方が、特殊解ではない状況が創り出されていくのであった。

例えば農村地域の活性化をもとに農林水産省の事業により、穀倉地帯の真ん中に大規模ショッピングセンターが建設された事例がある。なぜ、そのような施策が可能で、しかもそれが農村地域の活性化という大義名分の下に、補助事業化していけるのか。その単純な疑問を、かつて国の農政関係者に質問したことがある。答えはこうだった。「我々は農村地域の活性化を検討しているのであって、農業の活性化とは言っていません」。開いた口が塞がらなかったが、冷静に考えると、制度としてはその解釈が成り立った。

時代の変化に対応することなく、そのような成長の時代の都市戦略をずっと続けていった結果はどのようなものになるのであろうか。たとえば容積率の緩和をインセンティブに公開空地を供出する総合設計制度を適用した事例は、青森県にはひとつもない。なぜなら容積率は余っているからである。成長の時代の規制緩和施策の中には、現在の都市では、ほとんど意味のないものさえ存在している。

ところで、もはや成長の時代ではないということを表現する場合に、「非成長の時代」という言い方をする人がいる。私はできればこの表現は使いたくない。成長しないということをネガティブに捉えているからである。都市を評価する尺度が変わってきているのにもかかわらず、依然として、成長期と同様に評価しようとしていると言ってよい。新たな評価の「ものさし」を提示しなければならないのではないか。

例えば、成長の時代のまっただ中から、朝日新聞社が発行してきた「民力」[4)]というデータ集がある。そこで収集されている指標データは、次のようなものであった。

○人口
○世帯総数
○就業者総数
○事業所総数
○商店年間販売額
○工業製造品年間出荷総額
○県民個人所得
○国税納税額
○預貯金残高
○一般公共事業費
○着工住宅数
○自動車保有総台数
○開通加入電話数
○電灯年間使用量
○教育費総額
○テレビ契約数　ほか

まさにわが国が成長を追い求めていた時代の指標そのものの羅列である。

人口が減少していく時代にこのデータで各地域の民力を測られてしまうと、地方都市では前向きな議論などできないことになる。

例えば、第二次産業関連のデータだけではなく地域の第一次産業関連のデータや食料自給率、テレビ契約数よりもインターネット回線の普及率、あるいは年間購読書籍数、単なる人口データではなく、交流人口関連データ、例え少ない事例とはいえ、IターンやUターンの数量把握。余暇時間の使い方に関するデータ。その一つの現れとしての、非営利活動法人（NPO）の実数や活動に関するデータ。自動車保有台数よりも、公共交通利用者に関するデータ。

すなわち、成長の時代に似合った指標ではなく、これからの人口減少下社会において真に都市を評価しようとするときに必要となるはずの指標の制度設計が必要になっているのである。朝日新聞社も2015年度版をもって、民力データの配布を終了している。

そういう意味で、人口減少下の都市社会にこれから求められるものは、成長の時代の魅力ではなく、この時代に必要となるローカルの民力ではないだろうか。それが試される時代に突入しているのである。それは成長の証として定量化できる指標ではなく、地域固有の文化をどのように守り、継承し、また新たに生み出していくか、あるいは、どのような風景を育てていけるか、都市と田園とをどのような形で共存していけるか、豊かな人間関係をどのように育てていくことができるかなど、まったく違う尺度で評価されていくべきものである。[5)]

ヨーロッパが目指す持続可能性を基礎とした都市づくりは、成長の時代に見られたような大規模再開発が各地で行われる形ではなく、身の丈、生活感といった言葉が似合うようなスタイルで進められていくものである。大きな成果に見えにくいものの、着実にまちは動き続けていく。

東日本大震災からの復興の場面でも、それは端的に現れている。被災者数

写真1　COMICHI（石巻市）

が最大の石巻市で中心市街地にいち早く完成した「COMICHI（コミチ）」は、大規模再開発よりも先に、われわれの眼前に登場するに至っている。それはけっして規模が小さいからといって早く完了したというものではない。多大な時間とエネルギーをかけて小規模のプロジェクトをていねいに進めてきた成果であり、規模で勝負する成長の時代から、持続可能性を重視する、しかもローカルの民力を活かす時代の開発のあり方をわれわれに提起してくれるものである。

このような事業は、成長の時代の公共政策では手に負えない代物であろう。大規模再開発事業や区画整理事業など、成長の時代の政策では、公共性という大義名分のもと、莫大な補助金が投下されてきた。東日本大震災からの市街地復興の場面においては、さまざまな関係主体の調整に時間をかけねばならない大規模型の復興事業はなかなか進みにくく、その点「COMICHI」のケースでは、復興における効果促進事業に位置づけられながらも、平時の都市計画手法である優良建築物整備事業により完成したもので、狭隘道路に面する形で営みを続けてきた飲食店の横丁の風景が震災復興を機に生まれ変わることで、小規模な街のリノベーションが行われている。

まさにこのような事業こそ、成長を前提にできない社会においての地域ポテンシャルを育てる開発のあり方を示すものではないだろうか。公的補助金以上に、地域住民や地元企業、そしてNPOなどの連携による事業、言ってみれば市民的公共性による事業が進められてはじめて、新たに生まれた都市の「空間」が生活の舞台としての「場所」に変容していくことになる。言わばコミュニティの知恵と資源を、目の前の空間に結集させることによって完成していく事業なのである。それは成長という価値観から、成熟という考え方にシフトしていく必要性を改めて浮かび上がらせることとなる。

私が20年以上前から居住している弘前市は、日本一のリンゴ生産地である。全国的に有名な弘前公園の桜が散った後に、純白の花びらがリンゴの木にいっせいに咲き始める。マメコバチによる受粉の後、秋に向かって果実は成長し続ける。そして真っ赤なリンゴ畑が一面に拡がっていく。

成長とは何か。リンゴは大きくなり続けるだけでは、美味しいリンゴにはならないはずである。ある大きさになると、すべての栄養分とエネルギーを甘くなることに集中させる。大きさはそのままを維持しながら、甘酸っぱい味の濃いリンゴが色づいていくのである。

わが国の都市計画の歴史を思い返したとき、昭和40年代に新たな都市計画法が生まれて以来、われわれは、ただリンゴを大きくさせることだけに夢中になってきた。そのうちに、美味しくなければならない中心市街地が空洞化してきてしまったのである。果実の中に鬆（す）が入ってしまった。いくら大きくなっても鬆が入ってしまっては、リンゴの魅力は台無しになってしまう。われわれの都市は、鬆の存在を知っていながら目を瞑り、大きくすることだけを追い求めてきた。その問題に気づいた人々が、「コンパクトシティ」という言葉や「縮減」、あるいは「都市をたたむ」などという表現を使うようになってきたとは言え、それによって、中心部に大きく存在するリンゴの鬆が解消するわけではなかった。

本書の最大の目的は、鬆の入った地方都市の中心市街地、すなわち空き家、空き地､空き店舗といった「空間」だらけになってしまったエリアにおいて、いかにそれを「場所」として再生して、本当に熟したリンゴにしていくことができるのか。それこそが、「成長」から「成熟」へのシフトチェンジのために必要なコンセプトにつながっていくと確信している。

2. ローカル・スタンダード!?

成長の時代に、その評価指標として用いられたもの、それはグローバル・スタンダートであった。例えば私の住む津軽であれば、真っ赤なリンゴがたわわに実る小さな村は、地域の中心都市である弘前を目標とし、その弘前に住む若者たちは百万都市仙台に憧れ、仙台は東京を目指す。そしてその先には世界がある、と見られてきた。

東北は、周縁としての自己の存在を、必要以上に意識して、成長を続けてきた。グローバル・スタンダードにはまだまだ遠いと感じながら、中央に少しでも近づくことを目標にし続けてきたのだった。その一つとして、地理的ハンディキャップを克服するための交通網の整備にエネルギーは注がれ、新幹線や高速道路の整備が進められてきた。中央と近づく周縁には、結果的に中央と同じような価値観が溢れ､同じような景観が拡がってしまっていった。

「一周遅れのトップランナー」という言葉がある。全国で46番目の県立美術館を沖縄と競い合い、2006年に開館した青森県立美術館。私は、公開競技設計の事務局を青森県から受託し、完成までの数年間、さまざまな業務に携わっていたが、そこで県の関係者の口からよく出てきたフレーズがそれだった。

私は少なからずこの表現に違和感があった。本当に、東北は一周遅れだったのだろうか。弘前に異動して、旧城下町の恩恵をさまざまな場面で楽しみ、リンゴ農家との付き合いの中で、一本のリンゴの木を借りて、そこから収穫した「ふじ」を年末に親戚に送り、夏はキャンプ、冬はスキーに明け暮れていたとき、周囲の弘前人にこう言われたものだ。「北原家は弘前を満喫しているね」。一周遅れどころか、私には最先端の地方都市生活を満喫している自負があった。それまで住んでいた仙台よりもある意味で前を走っているという感覚もあった。

弥生文化と比べて、定住や稲作とは無縁のプリミティブな時代であると見なされてきた縄文文化は、三内丸山（さんないまるやま）遺跡の発見で、そこに「場所」が成立していたことが明らかになった。源頼朝によって滅ぼされた形の平泉は、おそらくその時代の最先端の豊かな生活が営まれていた「場所」であったことが推測される。東北が東北であるためのユートピア建設への想いを「イーハトーブ」という造語に込めた宮澤賢治は、凡人には理解できないくらいの前方を走りすぎていて、逆に最後尾に見られてしまっていただけではないのか。

コンパクトシティの日本的モデルを考えていくとき、それは、第一次産業とずっとつき合い続けてきている東北こそが、そのトップランナーとしてのモデルを提示することができるのではないか。そんな思いを強くしたのは、尊敬する美術家、村上善男氏[6)]の美術展を川崎で見たときのことだった。

「北に澄む－村上善男展」（岡本太郎美術館、2005年）がそれである。村上氏が、新進の前衛美術家として注目をされるようになり、二科展において通称「太郎部屋」と呼ばれる場所に展示される栄誉を受けた。そこで、岡本太郎に師事するために上京しようとしたときに、岡本太郎から出た言葉、それは「おまえは、そこ（東北）で闘え」だった。

以来、村上善男氏は、岡本太郎氏の教えを忠実に守り、岩手県で中学の美術教師、宮城県で大学講師、そして1982年から弘前大学で教鞭をとりながら、東京で、そしてパリで精力的に個展を開催し続けたのだった。岡本太郎美術館での展覧会のパンフレットに美術ジャーナリストの三田晴夫氏が寄せたコメントを読んだとき、一周遅れの本質が見えたような気がした。それは以下のような内容だった。

『標準時から固有時への確かな歩み』

世界の＜標準時＞にばかり気を取られると、
往々にして＜固有時＞に立脚した美術家の
成果を見失いかねないだろう（三田晴夫）

われわれが学んできた都市計画は、まさに＜標準時＞の先頭に立って、わが国の都市ビジョンを実現化していく手段であった。それこそが、成長の時代の都市計画であった。それが人口減少社会に転じたとき、＜標準時＞がぐらついてきた。＜標準時＞が育ててきた都市計画の制度や手法は、時代に対応不可能なものになってきてしまったのである。

一方で、一周遅れを自認し、＜固有時＞を生きてきた東北は、本当の意味でのコンパクトシティ像を無意識に成立させながら、＜標準時＞への脱皮をずっと目標としてきていたのであった。しかし、その目標像がぐらついてきたのである。

ややもするとアイデンティティを失いかねない「一周遅れ」の地域が、じつはずっとぶれずに＜固有時＞を地道に歩き続けてきたことを、われわれは再認識しなければいけない時代になってきている。そして、グローバル・スタンダードではなく、ローカルな基準による都市計画の可能性をいまこそ表現していく必要がある。

第 II 章

まちを「つくる」人と「たべる」人

1. 形式的な参加からの脱皮

あらためて言うまでもなく、まちづくりにおける市民参加の必要性は、1970年代後半からさまざまな場面で論じられてきている。しかし、本当に必要な参加の場面が論じられることなく、そのプロセスの導入のみが取り沙汰されることは、けっして幸せなことではない。

それは、言い換えれば、まちづくりの決定過程に住民が「参加させてもらう」機会を得ることが究極の目的になってしまっているという事実である。

これまでのまちづくりにおける「参加」とは、行政の決定過程に、どのような形にせよ市民が関わる場面を勝ち取るというものであった。1970年に武蔵野市で生まれた手法は、市の長期計画策定において、専門家4名と助役2名による委員会とは別に、市民42名と市議会議員11名からなる市民会議を組織し、各部局の職員へのヒアリングを実施し、議員と市民とが議論を重ねるというもの。市民会議は、また委員会との検討作業を進めて結果的に長期計画を策定するというものであり、後に「武蔵野方式」と呼ばれた。

討論会議は、その下敷きとしてドイツのプラーヌンクスツェレ[7)]が参考にされており、住民票から無作為に選ばれた市民が討論を実施する形であり、民主主義としては究極の形に見なされているといっても過言ではない。

とは言え、あくまでも「参加させてもらう」というスタイルであることに変わりはない。その後、会議録の公開によるプロセスの透明性が重要視される時代となり、それが確実に担保されていることが、計画の正当性につながるという考え方に変わってきている。

「とりあえず、知ってもらう」という考え方は、情報公開の流れをそのまま推し進めていくこととなった。しかし、結果的に、参加者は納得させられることとなり、それを「落としどころの決まった参加」と批判する人々も存在していた。

言い方を変えれば、行政と住民との間に、まちづくりにおける主ー客の観念が存在する中での「参加」でしかなかった、とも言えそうである。既成の枠組の中での「参加」からは、創発的な結果は生まれにくいと言わざるを得ない。制度化に固執しすぎると､「参加」そのものの動的な魅力を失ってしまうことにもなりかねないのである。

また、形式的な「参加」に走ってしまうと、全国のまちづくりは、どこも画一的、形骸的なものとなってしまい、しかもそこで対象となる市民とは、同一階層あるいは同じようなことを考えている人々に絞られていくことになる。

都市社会学者の奥田道大氏[8]は、住民参加につきまとう中間層的観念の支配を、コミュニティ理念の線形的展開であると表現し、そこからはみ出すものへの配慮の必要性を課題としてあげている。

図1は、それを私が図化したものである。例えば、二つの項目について、意見を述べてもらい、それを縦軸と横軸の座標上に位置づけると、この図のような散布図になるはずである。しかし、多様な考え方を持っている人々がどのように分布していても、数学的には平均を取ることができる。その回帰

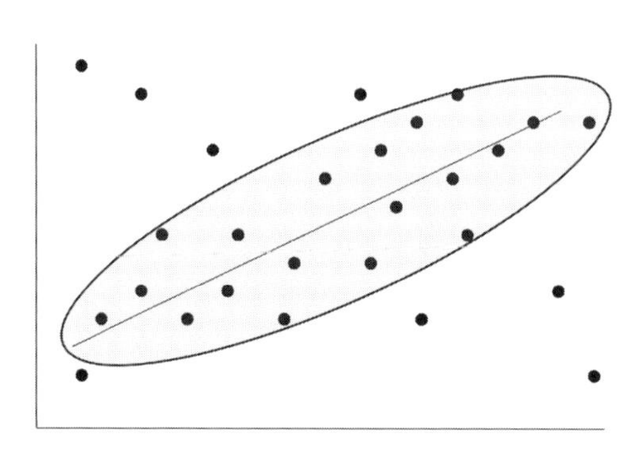

図1　中間層の線形的展開

直線からどの程度離れているかが、民主主義では重視されてしまうことが多い。しかし、重要なのは、そこで人とは異なる考え方を持っている人々のつぶやきではないのか。まさにワークショップは、その声に耳を傾けるために試みるはずであり、平均的な意見をまとめるために実施するものではないのである。

そもそも、市民参加とは、行政が主体で市民が客体であるという固定概念が存在する中で生じる場合には、反対運動と同様に受け止められてしまうことになる。「こんな行政にまかすわけにはいかない」とか、「自分たちの方が、もっと上手にやっていける」といった声が、市民の側に渦巻くことになるのである。

しかし、本来の参加とは、さまざまな情報が公開され、多様な人々の意見を聞き、そして自分の考えを言葉にする機会を得ることに最も大きな意味合いがある。そのような場面との出会いによって、市民が自らの創意と、人々との連帯の化学反応として、予期し得ない行動を展開することになる。それが、創発的現象[9]と呼ばれるものである。

しかし、住民はまちづくりの客体であるという先入観が強固に存在し続ける中で、参加型取り組みをいくら仕掛けていったとしても、制度化すればするほど、参加の醍醐味であるはずの創発性とは無縁に、参加のダイナミズムを何も感じることなく、形骸化した参加に陥ってしまう。

真に参加の必要な場面を、あらためて想定する必要があるのではないか。まちづくりの方向性を市民に納得してもらうという考え方の延長線上に出てくる参加は、成熟の時代に必要なものとはまったく異なるはずである。

成長の時代には、地域の発展を大義名分として、多少の問題には目を瞑り、ある種の妥協を受け入れていた市民も、人口減少下の現代にあっては、その大義名分の存在が弱まってきたため、「ちょっと待てよ」という考えに変わってきているのである。

だからこそ必要な成熟の時代の参加とは何なのか。まちをつくるための参加とは異なる、新しい参加の構図について示してみたい。

2. まちを育てるための参加

行政が主体で市民が客体であるという考え方のまちづくりとは、**図2**に示すように、あくまでも市民は、もしプレの場合には意見を述べるだけの参加、ポストの場合には感想を言うだけの参加に限定されることとなる。それをこの図では、まちを「つくる」人（行政）とまちを「たべる」人（市民）との関係として表現している。

「つくる」人が用意した料理を「たべる」人がたべさせられる、すなわち受動的な行為として地域を味わうというのが、これまでのまちづくりであった。「たべる」人にとっての参加とは、まさに「たべる」場面しかなかったのである。当然ネガティブな意見が中心の参加、いわゆる反対運動的な性格を帯びることになってしまう。したがって、行政の先達たちは、市民参加というと、時間と予算が大幅に増えてしまうという強迫観念から、自ずと後ろ向きにならざるを得なかったし、前述のような参加のシステムを仮に導入し

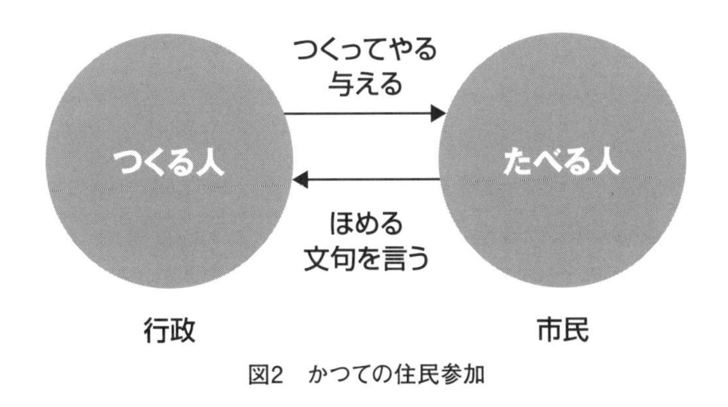

図2　かつての住民参加

たとしても、ある種の免罪符的なシンボルとして位置づけられるのが精一杯であった。

活発な地域住民や市民活動グループは、「つくる」人の代わりに厨房に入ろうとして、いくつかのケースではそれに成功したものもある。しかし、それはけっして本当の意味での協働とは言えないものではないか。まちを「たべる」人は、あくまでも「たべる」プロとしてまちづくりの場面に参加すべきではないのか。地域食材をちゃんと知っていて、何が美味しいのか、しっかりと評価できる舌を持っているからこそ、協働の一端を担うことができるはずである。

その意味で、本来あるべき「つくる」人と「たべる」人との協働の姿を表現したものが**図3**になる。先にも述べたように、「たべる」人が厨房に入って腕を振るうだけであっては、単純に主客の逆転でしかなく、協働にはほど遠い。真の協働とは、「つくる」人と「たべる」人との境界が曖昧になっていくことではないか。その究極の形態こそ、PPP[10)]であると、私は考える。

協働はまちをつくる以前から始まっていなければならない。図3が図2と異なる部分の一つは、最初の矢印がまちを「たべる」人から出ているということである。「たべる」人がよく知っている地域の素材を「つくる」人に提

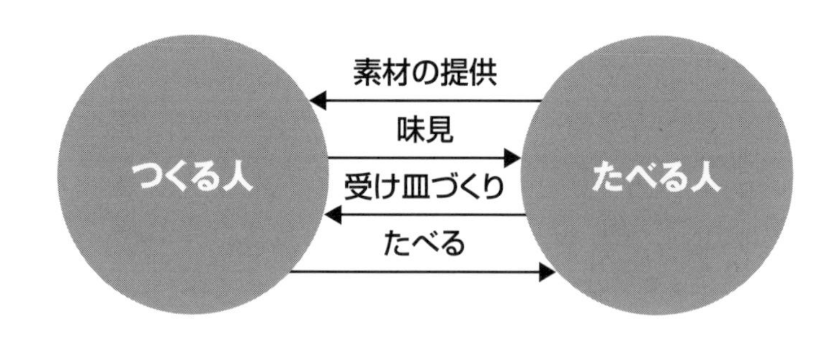

図3　公民連携の時代の「参加」

供するところから、まちづくりは始まっていく。というよりも、その素材を地域で育てていくところから、まちづくりは始まっているのである。

「つくる」人は、プロとして、その素材を活かすべく料理を始めることとなる。当然、素材を提供した「たべる」人から、素材の活かし方や味付けに関する要望やアドバイスをもらうことが料理のできに大きな影響を与えることとなる。ワークショップはそのような段階ではとても有効な手法であろう。

次のステップでは、「つくる」人は厨房でプロのプライドのもとに、料理を極めていくことになる。「たべる」人は、本来ここから忙しくなるはずである。美味しく「たべる」ためのさまざまな工夫をしていくのが、「たべる」人の真骨頂であろう。食卓を彩るために、テーブルクロスを用意したり、テーブルにバラの一輪挿しを飾ったりする。それよりも、まず料理が引き立つ食器を用意する必要がある。料理に合う飲み物を用意することも重要になる。BGMを用意する人だっているであろう。

このように、「たべる」人との協働があって、食卓という「空間」は魅力的な「場所」に変わっていく。これを「つくる」人にだけ依存することは本来不可能な話であろう。だからこそ、参加のプロセスが必要になるのである。

そしてもう一つ重要なことがある。料理が完成しても、「つくる」人のミッションはけっして終わっているわけではない。そこで「つくる」人自らが料理を「たべる」という経験をしなければならないのである。

PFIは、まさにそれを施設の利活用という場面で経験していく手法であろうし、PPPにしても、それがあるからこそ、紫波町のオガールプロジェクト[11]のような事例が育てられていくことになる。民間に素材を用意してもらい、その活用の仕方を資金の工面を含めて検討してもらう。それをユーザーとして行政が活用しながら、プロジェクトを育てていく。これまでわが国ではほとんどなかった手法であり、またPFIやPPPは、「行政側に資金が不足しているために民間に肩代わりしてもらっている」といった先入観を払拭するためにも、このプロセスは非常に重要になるはずである。

もはや、この形態の協働は、どちらが主体でどちらが客体であるといった定義自体に何の意味もなくなるはずである。それぞれが得意なフィールドをお互いが担うことで、結果としてまちが育てられていくこととなる。

これまでのまちづくりは、施設が、道路が、街が完成するとそれはゴールであると見なされ、そこに至るまでのマネジメントが中心となり、予算も配分されてきた。しかし、上に述べたような育てるためのフェイズに、「つくる」人も「たべる」人も重要なミッションがあることを、われわれは再認識しなければならない。

3. ポストモダンのまち育て

私が、「まち育て」という表現を使うようになった背景には、間違いなく前述の認識がある。ポストまちづくりにおけるマネジメントがなければ、せっかく新設された建築物が、「空間」のまま放置されるだけになってしまう。われわれの都市には、「空間」は溢れている。しかし、その中で「場所」といえるものがどれだけあるであろうか。そのような「場所」で地域を活性化させることができれば、人口減少社会においても持続可能な都市の発展は可能であると考える。

1970年代から各地で見られた参加のシーンは、そのような都市の発展を目的としたものよりは、急ぎすぎた発展に対して民主的に反論する手立てとして、発生するものが多かったと言えよう。それは前述のように、主一客の概念が明確に意識されている状況における参加であったということに尽きる。それが、モダンの参加の限界でもあった。

しかし、そのような体制への反動として生まれていくポストモダンの風潮は、参加の形態をも変容させていくことになったのであった。

フランスの哲学者リオタール[12]が、ポストモダンのことをグラン・レシ（大きな物語の喪失）と表現したのはあまりにも有名な話である。彼が使用した大きな物語という言葉、それはモダンの社会においては、民主主義、合理性、公共性といった誰もが大事だと認識する枠組みであった。しかし、その後の社会、すなわちポストモダンにおいては、そのような既成の価値観の意味がなくなっていくこととなったのである。けっして否定ではない。これまでの考え方の延長上で理解するには不合理な状況が、眼前に展開され始めたのである。

すなわち体制への反動的な意味合いでの参加ではなく、参加するという自覚のないままに、将来的に大きな役割を担う可能性を持つような行為をフリーな個人が、あるいは家族が、楽しげに実践するという、新たな形態の参加が、生まれていくことになる。

そのような参加が発生することによって、「空間」は「場所」に変わっていくこととなるはずである。まち育ては、まさにそのような「空間」の編集作業の中から「場所」を生み出すことに醍醐味がある。それを、「つくる」人と「たべる」人の境界が喪失した真の意味でのパートナーシップのもとに実践していくこそが、まち育てにほかならないのである。

「空間」は多様な人々の想いとアクションによって「場所」に変容することとなる。そして、「空間」を「場所」に変えることを、本書では、「まち育て」と定義したい。

第 III 章

「まち育て」に必要な発見的な学び＜まち学習＞

1. まちを学ぶこととは!?

「つくる」人と「たべる」人との境界のない真の意味での協働によるまち育てを進めていくために、われわれは何を学ぶ必要があるのであろうか。少なくとも、まちづくりに必要な学びではない。都市計画法や建築基準法をていねいに学ぶことが、まち育てのための必要な学びとはとても考えられない。

そこで必要になるのは、図3で提示した「たべる」人から「つくる」人への最初の矢印（←）で表現された素材の提供に寄与できるものであって欲しい。すなわち、自分の住む地域で活かすべき資源を発掘し、それを再生、活用していくことのできる眼を養っていくことが必要になってくる。

私が学生時代に出会った早稲田大学理工学部建築学科吉坂隆正研究室の「発見的方法」こそ、その核心を突くスタンスであると考える。研究室OBである地井昭夫氏が書いた文章に、それは凝縮されている。

『発見的方法とは＜いまだ隠された世界＞を見い出し、＜いまだ在らざる世界＞を探るきわめて人間的な認識と方法のひとつの体系である』[13)]

＜いまだ隠された世界＞を見い出すという意味では、例えば考古学も同じスタンスであろう。しかし、後続の＜いまだ在らざる世界＞という表現に魅力を感じざるを得ない。それが、考現学の今和次郎[14)]につながっていることは、言うまでもないであろう。

まち学習の基本は、まさに発見的方法である。演繹的に＜すでに顕わになっている世界＞から学び、＜すでに存在する世界＞を考察していくのではない。未来を想い、計画に反映すべく、＜いまだ隠された世界＞の発見を、＜いまだ在らざる世界＞の実現につなげていく手法なのではないだろうか。

もう少し平易な表現をすれば、まち学習のプロセスは、以下のようになると思われる。

（1）見つける

まちをじっくり見て歩き、人と会って話を聞く

（2）調べる

まちで興味を持った事象を詳しく調べてみる

（3）考える

調べたことをまちに活かすための方法を考える

（4）創造する

まちに提案してみる

それはまさに、2002（平成14）年から我が国の学校教育に導入された、総合的学習の目指す方向と一致しているように思えてならない。以下は、2008（平成20）年に文部科学省教育課程審議会がまとめた総合的な学習に関する答申の文章である。[15)]

（1） 各学校の創意工夫を活かした横断的・総合的な学習や　児童生徒の興味・関心等に基づく学習などを通じて、自ら学び、自ら考え、主体的に判断し、よりよく問題を解決する資質や能力を育てる

（2） 情報の集め方、調べ方、まとめ方、報告や発表・討論の仕方等の学び方やものの考え方を身につける

（3） 問題の解決や探求活動に主体的、創造的に取り組む態度を育成する

（4） 自己の生き方についての自覚を深める

これによって育まれていくものこそ、「生きる力」なのである。しかし、「まち」に関わる学習の取り組みを教育の現場が手がけようとすると、往々にして、発見的方法とは異なる手法に陥ることが多い。それは、教師側があらかじめ地域資源を調べておいて、それを子どもたちに見つけさせて、学ばせる手法である。一種の社会見学と同じスタイルであり、それを作文や絵で表現してもらう。「○○をどんなふうに見てきたか」という、地理学の延長上にある方法と言えそうである。

その点、発見的方法はまったく異なるスタンスと言ってよい。地域を児童

たちに自由に歩いてもらい、そこで生まれる発見そのものに重きをおき、その結果を教師と児童がともに受け止め、学習する。

前者は、地域特性が共通認識としてすでに存在しており、それを深く調べていくところに学習の目標がある。しかし、後者の場合は、何が出てくるかわからないという不安がある代わりに、発見の喜びや意外性という魅力がある。

とは言え、現場の教師たちはどちらかというと後者を嫌がる。学習の前に、何を授業で教えるべきか、「本時の目当て」というのを明確にしてから授業をするスタイルが常であるからである。何年か前にニュータウンに新設された小学校の5年生を対象に実施したまち歩きの学習では、そこを何とか打破したいと考えて、教師たちとの事前打ち合わせを実施したが、最後の最後まで抵抗されたのだった。校長の理解もあって最後はわれわれが進めようとする「行き当たりばったり」の学習スタイルで進めていただけることになったものの、まち歩き当日に現場で教師から聞いた言葉は、かなりショッキングなものだった。

「うちの子どもたち、やっぱり心配なので、昨日、一応私がコースを歩いてみて、いくつかの場所にお願いしてきました。今日は、郵便局長さんが出てきて、挨拶してくれますから心配ありません」

いわゆる仕込みをしてきたというものであった。聞いたこちらが心配になってしまった。しかし、子どもたちの方が心配性の教師より一枚上手だった。80人の子どもたちは誰一人として、郵便局には行かなかったのである。公共施設を見学するという発想は、子どもたちにはまったくなかったと言ってよい。

その教師とはこんなやりとりもあった。「先生、この子たちの学習の成果、どうやって通信簿に反映させましょうか?」。こういう学習は相対的に比べて評価するものではなく、本人がその発見をどう受け止めてそれを調べて、提案につなげていけたかをていねいに評価していくものであるという主旨を伝えると、「紙芝居だから図画・工作にもできるし、そもそも文章を書いてもらうから国語ですかね」と、私の言葉をまったく意に介さない返答であった。

また、最も象徴的であったのは、最終発表会の直前に私が見た光景だった。子どもたちは、グループで10年後のニュータウンという紙芝居をつくり、それを発表する練習をしていた。あるグループの男の子が先生に怒られていたのだった。見ると、紙芝居の絵には、お墓と幽霊とそれを怖がる子どもたちが描かれていた。授業参観日を兼ねた発表会に、しかもテレビの取材が入っているときに、そんなふざけた絵を描くべきではないというのが教師の指導であった。

肩を落とした男の子に聞いてみた。「この絵はどういうことを表したかったの?」。その答えは驚くべきものだった。

「うちのおじいちゃんはいま75歳だから、たぶん10年後は亡くなっていると思うんだけど、この団地にはお墓が無いの」

彼はふざけているのではなく、いたって大真面目だった。3時間近くをかけて街を歩いて気づいたことは、ニュータウンに固有の大きな課題だった。だから10年後には、なんとか墓地をつくらなければいけないという気持ちが、その紙芝居には反映されていたのだった。よく見ると、その幽霊(その子のおじいちゃん)は微笑んでいた。

こんなこともあった。津軽ダムの建設に伴い、ダム湖の底に沈んでしまう西目屋村立砂子瀬小学校の記念事業として、国土交通省東北地方整備局津軽ダム工事事務所の支援によってカメラウォッチングの授業を一年間続けたときのことだった。子どもたちの活動に大変好意的な事務所長が、打ち合わせで私に聞いてきた。「先生、砂子瀬の四季と言うけれど、冬はさすがに授業できませんよね、写真撮ってきても、全部、雪の写真ですからね」。でも、そこを毎日学校に通っている子どもたちが、いつも見ている各々の風景はきっとある。「大丈夫です、きっと驚くような写真を撮ってきてくれます」。半信半疑の所長であったが、結局、使い捨てカメラを児童の数だけ提供していただいて、冬のカメラウォッチングも実施させていただいた。

一年間の学習成果を授業参観の日に保護者に披露することとなり、われわれの研究室の学生やダム事務所の職員にも学習成果を見せていただくこととなったが、ダムの所長は一枚の写真とそのコメントを見て、突然涙ぐんだ。それは冬の公園の写真であった。滑り台の上に雪がこんもりと載った写真。まさに所長が危惧した雪だらけの写真であった。その写真のタイトルは、「春はもうすぐ」だった。

毎日児童公園の脇を通って学校に通い続けていた児童には、同じ雪景色であっても、滑り台の上にかぶっている雪の量が確実に減ってきていることがわかるのだった。常々聞く言葉に「子どもさんが入ってくれるとワークショップに活気が出ていい」とか「子どもが居ると場が和らぐ」などがある。しかし、私はけっしてそんなふうには思わない。子どもたちの感性は非常に純粋で、ちょっとしたことに普通に気づいてくれる。だから、子どもたちと一緒にまち歩きやワークショップを実施すると、大人だけで実施するよりも、数段気づきの多いものになるのである。

先述のニュータウンに立地する小学校の教師は、それを軽視してしまっている。教えなければならないことを授業で扱おうと思うと、子どもたちの純粋な気づきや発見を時間中に取り上げることが難しくなってしまう。それは学校教育だけではなく、社会教育の場面でも同様である。

青森県黒石市の浅瀬石地区は、学社融合の名の下に、公民館事業と学校教育とが見事に協働した体制が構築されてきた地域である。そこで、西目屋村と同様にまちを探索するカメラウォッチングの授業をわれわれが支援することとなり、しかもそれは休日に公民館事業と連携する形で実施された。地域の住民もボランティアとして参加して、半日、児童たちと街を歩き、昼食の後、マップづくりを支援するというスケジュールで5年生2クラス全員がカメラ片手に街を歩くのだった。

その中で一つのグループが気になって仕方がなかった。地域住民でもある市のまちづくり推進課長がボランタリーにグループについてくれることになり、児童の先頭に立って歩いていた。その歩行スピードがかなり速いのである。いろいろと気づいてはシャッターを切る児童たちは、次第に置いて行かれることとなり、結果的に私がしんがりを務めることになってしまった。

なぜ課長の歩くスピードがそんなにも速いのか。それは、児童たちに見せたい地域の宝物をあらかじめ決めていて、それを時間内に全部見せなければならないという強迫観念から、一目散に目的地を向かっていたのである。当時の市長さんの庭にある漆喰の農家蔵。有名なお坊さんのお墓……。彼の頭の中には見事にまち歩きのスケジューリングがなされていたはずである。

象徴的な場面があった。先頭を歩いていた課長さんが、突如、墓地に入っていき、古い墓の前で止まってこう叫んだ。「さあ、写真撮れよお、有名な

写真2　常念和尚が描かれたねぶた絵（こみせんホール）

常念和尚の墓だぞー」。聞けば、500年以上前に旧黒石藩が津軽藩に攻められたとき、落城間近の千徳城から逃げてきた和尚が、藩主に託されたさまざまな財宝を身にまとい浅瀬石川に身を投げ、その後打ち上げられた河原を、和尚の名に因んで「常念河原」と呼ぶようになったという。それが時代を経て、「じょんがら」の表現に変わってきたのだという説明だった。いわゆる「津軽じょんがら」発祥のエピソードだったわけだが、観光客ならいざ知らず、小学生たちの興味を惹く話ではなかった。ましてや墓地でデジタルカメラを使うことなど、子どもたちには気持ち悪いイベントであった。

誰もシャッターを切ろうとしないその時、課長さんの目にとまったのは、墓地の道路向かいの家の庭にカメラを向けている男の子だった。「おい、人が話をしている時に、なんでよそ見をしているんだ、学校で教わってないのか」。「………」。男の子に聞いてみた。もじもじしながら彼が発した言葉に私は驚いた。

「だって、向かいの家の庭に電信柱が立っているんだもん」。「そうかあ、よく気づいたね」。私が褒めると同時に課長が怒鳴った。「そんなの不思議でも何でもない、道が狭くて電信柱が邪魔で小さな事故が結構起きるから、私が、お願いして電信柱を移してもらったんだ」。

思わず、シュンとしている男の子に「そんなすごいものを、よく見つけたね」。児童は、ちょっとはにかみながら、上を向いた。課長は、ポカンとして立ち尽くしていた。私がその児童を褒めている理由がよくわからないようだった。

しかし、この児童の視点を活かすまち育てこそ、発見的方法ではないのか。課長が計画したまち歩きは、発見の喜びではなく、知識を教えていく社会科の授業そのものだった。しかしその中で、感性の高い児童は気づかぬうちに小さな発見をしていた。それを、地域の「たべる」人が、大きく捉え直して未来に活かしていくというのが、人口減少下における「成熟の時代」に必要な「まち育て」なのである。

2. 発見的方法による英国の「まち学習」

このような実践を、世界の中でもいち早く義務教育で進めてきている英国の「まち学習」について紹介してみたい。

英国では、日本で文部科学省が提示している学習指導要領のような性格を持つ“Children and their Primary Schools”（1967年）の中で、学校教育における環境の活用の価値を明文化している。原語では、use of the environment と表現されるこの言葉は、単純に環境を活用するということよりも、都市から農村に拡大した環境破壊に対抗して、環境の価値を上手に活かしながら、賢く都市は大きくなっていくべきであるという考え方である。驚くべきことに50年前に提起されている。

一方で、“People and Planning”（1969年）には、環境計画の決定過程における住民参加の必要性が論じられている。そこでは、子どもが将来環境計画に関わることを想定したうえで、義務教育の中でその資質を養成すべきであるとしている。

言い換えれば、英国では環境に主体的に関わることのできる人間を育てることが環境学習の究極の目標になっており、まちづくりの学習とはまったく異なるものである。そこで学ぶ子どもたちは、自分たちにもきっとできるはずだという思いで環境と向き合うことになる。そして、そう簡単に対応することができないものであっても、自分たちにも関わる責任があるはずだという認識を強く持たせるようにしているのである。

具体的には、Front Door Projectと呼ばれる、住宅の玄関を一歩出たところから学校までを対象とした発見的方法のまち歩きが行われている。いくつかの小学校では、授業開始とともにグループで校門を出て、学校周辺の建物やストリートファニチュアを観察して学校に戻ってくる「タウン・トレイル」という授業が実施されている。その中で興味深いのは、住宅団地の窓のスケッチを時間内に数枚描いてくるという授業である。集合住宅居住が一般的な英国においては、同じ住棟に住んで、ほぼ同様の間取りであったとしても、窓辺の演出に住み手の個性が現れることとなり、それを見つけて、記録してくるというものである。

日本であれば、この授業は成立しそうもない。集合住宅の窓の見え方を規定するものは、洗濯物かBSやCS放送のアンテナくらいしかない。全部同じように見えてしまって、描きようがないはずである。

一方で、この学習活動を校庭整備に活かそうとする活動グループが英国内には数多く存在している。Learning Through LandscapesというNPOグループを始めとして、彼らは校庭からのまちづくりを支援している。まちづくりの第一歩は、子どもたちにとって最も身近な空間である、学校の敷地内から始めていこうとするものである。

私は、1996年に小澤紀美子先生（東京学芸大学名誉教授）を団長とするグループの一員として、英国の住環境教育に関する視察調査に参加させていただいたが、その際、英国北部のニューカッスル市において、実際にその授業を進めている小学校（Cragside Primary School）を訪問したのであった。そこで進められている活動は、Arts Focus Projectと呼ばれるものだった。小学校4年生および5年生の各クラスから代表2名を選出し、彼らと校長とでCouncil を組織して、そこに外部から専門家を2名雇い入れるために1,000ポンド（当時の換算で20万円）の予算が用意されていた。

ここで外部から招聘された専門家集団こそ、コミュニティ・アーキテクチュアの世界では英国内でも有名なグループの一つであるNAW（Newcastle Architecture Workshop）[16]であった。

さて、小学校の4～5年生を巻き込んで一つのカリキュラムとして実施さ

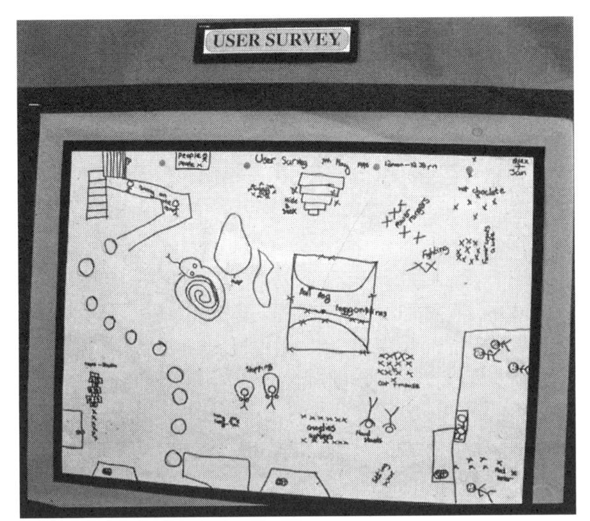

写真3　校庭の使われ方調査結果

写真4 The good, The bad & The ugly

れたこのワークショップ形式のプロジェクトは、まず最初にラビングと呼ばれるプロセスから始められた。これは街路内に埋め込まれた石やマンホールの表面､あるいはレンガの壁の表面に紙をおいて鉛筆で写し出す作業である。このように学校の敷地内から、さまざまな形を取りだしてくる。まだデジタルカメラが普及していない時代であったためそのような作業であったが、現在であれば、あっという間に終えることができそうである。

写真5　学習成果として提案する児童たち

次に昼休みの校庭の使われ方調査を実施して、それを図化する（**写真3**）。そのうえで、学校内の様々な空間の写真撮影を実施する。その写真一つずつに対して、the good：このまま残しておきたいもの、the bad：できれば除外したいもの、the ugly：改善したほうがいいものという評価が子どもたちによって下されることとなる（**写真4**）。

最後に子どもたちは、それまでのプロセスをもとに、どんなふうにしたいかというアイデアを提案することになる。専門家が用意した大きな校庭の図面に、そのアイデアを散りばめながら遊具やプレイロットを記入していく。そのようなプロセスを経て、校庭改善案が小学校の授業の一貫として計画されていくのである（**写真5**）。

あらためて整理すると、下に示すようなデザインプロセスが、週二時間の授業で1学期をかけて実施されていく。

①　色や形態の観察

②　校庭の使われ方調査

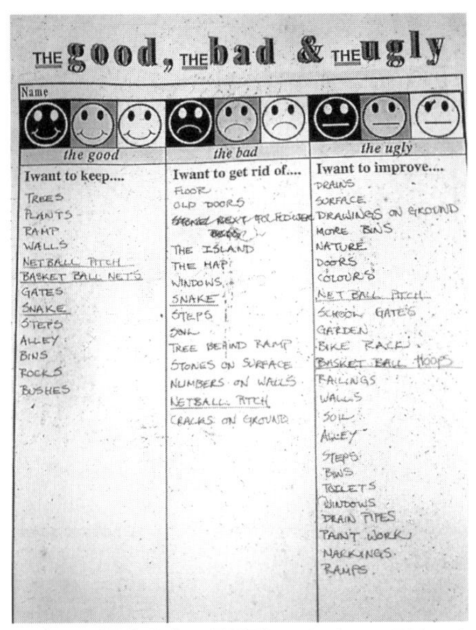

THE good, THE bad & THE ugly

Name

the good	the bad	the ugly
Iwant to keep....	Iwant to get rid of....	Iwant to improve....
TREES	FLOOR	DRAINS
PLANTS	OLD DOORS	SURFACE
RAMP	~~STONES NEXT TO FLOWER BEDS~~	DRAWINGS ON GROUND
WALLS	THE ISLAND	MORE BINS
NETBALL PITCH	THE MAP	NATURE
BASKET BALL NETS	WINDOWS	DOORS
GATES	SNAKE	COLOUR'S
SNAKE	STEPS	NET BALL PITCH
STEPS	SOIL	SCHOOL GATE'S
ALLEY	TREE BEHIND RAMP	GARDEN
BINS	STONES ON SURFACE	BIKE RACK
ROCKS	NUMBERS ON WALLS	BASKET BALL HOOPS
BUSHES	NETBALL PITCH	RAILINGS
	CRACKS ON GROUND	WALLS
		SOIL
		ALLEY
		STEPS
		BINS
		TOILETS
		WINDOWS
		DRAIN PIPES
		PAINT WORK
		MARKINGS
		RAMPS

写真6　児童たちの評価シート（uglyが多い）

③　校庭内の各スポットの評価（the good, the bad & the ugly）

④　計画から提案へ

授業が終了後は、その計画案をもとにしながら、専門家が実施計画を作成するとともに、一方で資金調達のための取り組みを進めたうえで、最終的に、建設を行い、そのまま維持・管理につなげていくというのが、このプロジェクトの全体的な流れとなっている。

英国の子どもたちだからとか、日本だからといった比較は意味がないと思うが、③の評価（the good, the bad & the ugly）のプロセスは日本での評価とはやや異なるところが興味深い。わが国のこのような評価では、よい・わるい・ふつうといった3段階評価が一般的である。

しかし、英国のこの3つの分類には、ふつうという評価はない。the uglyという英語の「醜い、ぶざま」といった意味であろう。しかし、悪くはないというのがここの真意なのである。表に記されていた「I want to improve」こそ、英国のまち学習の真骨頂と捉えることができるのである。

「なんとか改善したい」、「なんとかしたい」という気持ちの表れとしてthe uglyを選ぶ子どもたちが最も多いというのは（**写真6**）、前述した英国のまち学習の「自分たちにもきっとできるはずだという思いで環境と向き合う」という教育方針と合致しているようだ。

これはけっして、英国だから成立するというわけではないのではないか。もちろん、英国のような明確な教育方針は打ち出されてはいないが、まだ10年ちょっとしか生きていない子どもたちに、そう大きな違いはないはずである。それを確かめてみたくなった。

弘前大学教育学部附属小学校5年生全員（128名）に、インスタントカメラ（27枚撮り）を一週間預け、その間に、the goodとthe bad、そして the uglyを撮影してもらうという調査兼授業を実施したことがある（1997年）。

いくら英語を学んでいる小学生が増えているとは言っても、さすがに、uglyの意味は理解できないだろうと考え、ここでは、「好きな景観」、「嫌いな景観」そして「気になる景観」と称して、カメラを活用してもらうことにした。以下に、そこで得られた珠玉の写真をいくつか紹介したい。

○好きな景観

1,200枚に及ぶ「好きな景観」のうち、最も記憶に強く残ったのが、**写真7**である。もちろん、津軽富士と呼ばれる岩木山を捉えた写真であり、全児童のほとんどが、何らかの形で津軽の象徴とも呼ばれるこの山の姿をファインダーに収めていた。

しかし、その数多い岩木山の写真の中で、なぜこの写真が印象に残ったかというと、それは提出締め切りの月曜日の朝に、担当の家庭科教諭から、詫びの電話が入ったことに始まる。一人の児童が、今日は提出できないと言っ

写真7　好きな景観（岩木山は晴れてなきゃ嫌だ!?）

ているという話であった。けっして忘れたわけではない。いい写真が撮れなかったから、締め切りを延ばして欲しいというのが児童の言い分である。そのため、結果的に2日遅れることとはなったが、そこで得られたのが、この写真である。

私が児童たちにカメラを預けた一週間、津軽では曇天が続き、週末には雪がちらついたのであった。この児童は、「岩木山のてっぺんに雪が見えて、晴れた青い空で、近くの川の水が光っている写真」をどうしても撮りたかったのだという。私には、建築雑誌の写真を担当している友人がいたが、かつてその撮影に同行しようとした日に、「悪い、今日は中止だ」との電話が入り、「晴れているのになぜ」と理由を尋ねたところ、「今日は、青い空は無理だ」という一言だったのを、ふと思い出した。

子どもなのに、まるでプロのカメラマンみたいだと驚いたのだったが、それ以上に、ある事実に気がついて、声を上げそうになった。なぜ、男の子は、曇天の空の下、「岩木山のてっぺんに雪が見えて、晴れた青い空で、近くの川の水が光っている写真」を撮ろうと考えたのだろうか。

私がカメラを渡した子どもたちは、週末に友だちや家族と一緒に、写真を撮ってくれた。歩いているときに、「いいなあ」とか「これ嫌だなあ」などと感じたままに、さまざまな写真を撮ってくれたのだった。それは、見えているものを素直にファインダーに収めてくれたものであった。しかし、このカメラマンのような男の子は、そこでその光景を見てないのである。見えてないものを撮ろうとして、宿題の締め切りをオーバーしたのであって、怠けていたわけでもなく、締め切りを忘れていたわけでもなかった。やっと、自分の思い描いた写真が撮れて、彼は安心してカメラを学校に持ってきたのであった。

原風景という言葉がある。自分の意識の奥底に形成されていく地域の風景。まだ小学校5年生の男の子にも、それは形成されていたのであった。それ以来、私は子どもたちと一緒に景観ウォッチングをするときには、街に出かける前に、必ずこんな言葉をかける。「冬のこの場所の○○な景観がおもしろいのになあとか、夜はここ、すごく怖いんだよとか、今日のまち歩きで直接写真にできなくても、その場所を撮ってくれたらコメントつきで出してもらえばいいよ」。

子どもたちとの実践は、私にいろいろなことを教えてくれる。発見的方法のセンスは、間違いなく子どもたちには備わっているのである。

次頁の**写真8**は、「○○ちゃんの家の玄関」であった。大人を対象とした風景や街なみ写真のコンテストを募集すると、観光写真とでも表現したくなるような名所・旧跡、あるいは豊かな自然景観ばかりが集まってくる。しかし、子どもたちは、英国のFront Door Projectと同様に、玄関先の風除室か

写真8　好きな景観（○○ちゃんの家の玄関）

ら学校までのあらゆる要素をファインダーに収めてきてくれたのであった。

○嫌いな景観

一枚目（**写真9**）は、弘前市内の小学校に隣接する公園のトイレの写真であった。タイトルは「こんなトイレでオシッコなんかしたくない」。

タイトルはともかく、それほどインパクトのある写真ではない。しかし、この写真が、その後、波紋を呼ぶ。市内の校長研修で私がこの写真を見せたところ、この公園に実際に隣接している小学校の校長が、翌年最初のPTA総会の日に、私の写真のことを漏らしてしまい、「これ以上北原さんに写真を出させたくない」と、それから毎年その日に、年に一度のトイレの清掃を行うことになったと、教えてくださった。

二枚目（**写真10**）は、弘前市内で閉店したスーパーが3年近く廃墟のまま放置された姿をとった写真で、タイトルは「そのままにしておく弘前市役所

写真9　嫌いな景観（こんな所でおしっこなんかしたくない）

写真10　嫌いな景観（そのままにしておく市役所が悪い！）

が悪いと思う」であった。すかさず研究室の大学院生が、この土地は民間の土地であり、市役所には何の責任もないということを児童に諭した。当然彼女は、将来は教師を志望する学生だった。

しかし、そこで出た男の子の一言は、まさに深い言葉であった。詳しくは、次の章で解説したい。

○気になる景観

さて、the uglyである。子どもたちはどのようなものを、気になる景観として撮ってきたのか。一つ目は、弘前の中心市街地に立地する地元百貨店の写真であった。建築家毛綱毅曠氏が改築を担当することとなり、最上階にはスペースアストロという名のホールが設計され、宇宙へつながる形態というイメージがもてはやされ、建築雑誌などに紹介される建物であった。それが気になるといって撮ってきた児童のつけた写真のタイトルは、「カップラーメン」だった（**写真11**）。

写真11　気になる景観（カップラーメン）

そして、もう一枚。この写真は最初から異彩を放っていた。タイトルは単に「気になる景観」であった。どういう意図でこれを撮ってきたのか、どう気になるのか聞いてみたいと考えて、小学校での授業の中で児童たちに尋ねてみた。「この写真を撮ってくれたのは誰かな」。元気な男の子が、待っていましたと言わんばかりに立ち上がって、にやっと笑いながら一言。「だって、北原先生、気になる"警官"撮って来いっていったもん」(**写真12**)。

写真12　気になる景観!?

3. まちを育てる人材育成としてのストリート・マネジメント

前述したような「まち学習」は、けっして子どもたちに限定したものではなく、人口が減少する時代にあって、地域の大人たちも実践していくことが重要ではないか。実際に、弘前で実施したカメラウォッチングでは、危険防止のために、可能であれば保護者が一緒に子どもたちとまち歩きをすることを文書でお願いしたが、実際に一緒に歩いてくださり、かつ「お父さんが選んだ一枚」や「パパの大好きな景観」などというタイトルの写真も提出されており、大人にとっても興味があることは明らかだった。

そのような潜在的な大人のポテンシャルを「まち育て」に活かす一つのモデルとして紹介するのが、1970年代後半に米国で誕生した、メインストリート・プログラムである。

メインストリート・プログラムとは、ナショナルトラストの活動の一環として、ダウンタウンに存在する歴史的な商業建築を保全・活用するために創出された市街地再生を目的としたマネジメント手法である。いわゆる大規模再開発型の都市の改造ではなく、歴史的な建造物や景観を保全・活用した街なみ改善型手法となっている[17]（**写真13**）。

米国では1970年代後半に伝統的な中心市街地が衰退し、欧州やアジアと比べて歴史の浅い米国にあって数少ない優れた歴史的資源としての建造物が、次々に失われる状況を打開するために、ナショナルトラストが期間限定のプロジェクトとして、デモンストレーションを兼ねて実施したのが、メインストリート・プログラムの起源となっている。

その後、3年を経過した後に、上記プロジェクトの成功を受けて、The National Main Street Center（以下、NMSC）（**写真14**）が設立され、恒常的なプロジェクトを推進していくための組織体制が整備されるきっかけとなっ

写真13　地域の歴史を解説する路上の掲示物

た。条件として、各州は常勤のコーディネーターを雇用することが必要となるとともに、NMSCが提供する技術支援に対して費用を負担することが義務づけされた。また、各地区は自前でマネージャーを雇用しなければならなかった。

このようなNMSC→州→地区という3層構造は、けっして国の大々的な支援体制というものではなく、支援が必要な地区は州を仲介としながら、人とお金の工面を独自に行い、それを技術的な部分でNMSCがサポートするという体制が整えられていった。

わが国の各地域における個性的なまちづくりの場面において、支援という言葉が持つ意味合いは、NMSCのような技術的な支援というよりも、財政面でのサポートの側面がかなり強い。しかし米国の場合は、受益者負担の観点からはごく当然というものの、技術支援を徹底して実施していくスタイルが特徴的であると言ってよい。

そこで登場するメインストリート・プログラムは、1980年代から90年代

写真14　National Main Street Center（ワシントンD.C.）

にかけて、ナショナル・メインストリート・ネットワークという会員組織を媒介としながら、全国に拡がっていくこととなる。そこで効果的戦略として登場するのが、マニュアルや教則本、How Toビデオなど、各地区が独自にプログラムを推進していくための支援的が主たる事業となる。90年代以降、プログラムは多様化をたどり、人口5,000人に満たないような小規模自治体からボストンやワシントンなどの大都市圏での地域プログラムに至るまで、その規模、目的、手法などにおいてさまざまな形態でのプロジェクトが進められてきている。

メインストリート・プログラムは、**図4**に示すような4ポイントアプローチによる明快な構成となっているのが特徴である。

「プロモーション」とは、商店街やショッピングセンターの販売促進活動のように、ダウンタウン全体を売り出すために街が行うものである。具体的

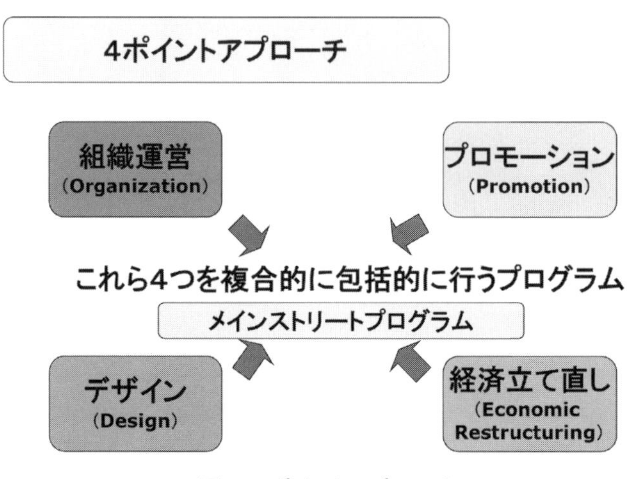

図4　4ポイントアプローチ

には、ニューズレターの発行、定期的なイベント実施、掲示物の作成などが進められていく。

一方でデザインは、大規模な再開発手法ではなく、まさに身の丈の街なみ改善をメイン・コンセプトとするメインストリート・プログラムは街路と沿道建築からなる歴史的な町並み景観を大切にすることが重視される。したがって、**写真15**や**写真16**のように、歩くスピードに対応するデザイン要素として、ゴミ箱や駐輪場のようなストリートファニチュアが整備されていくことになる。

そして人々はデザインの重要性に啓発され、動き始める。啓発されたまちを「たべる」人たちは、競い合うようにデザインについて考えるようになり、お互いのデザインを意識しながら、向かい同士でコラボレーション的なデザインを試している（**写真17、18**）。

まちが大きくなる時代に、自動車のスピードに合わせる形で、郊外のロードサイドに、高く大きく奇抜な色で広告物が建てられていった時代とは、まっ

写真15　駐輪バー（ワシントンD.C.　Adams Morgan地区）

写真16　デザインされたゴミ箱（同上）

たく違う「まち育て」が始まっているのである。

先にも述べたように、米国のメインストリート・プログラムは、中心市街地の歴史的建造物を保全することで、「空間」だらけの中心市街地に「場所」を再生するプログラムであるが、そもそもの目的は、そのような地域をマネジメントする人材を育てることにより、まちを育てていくという

写真17　壁面に女性が描かれると・・

写真18　向かい側のファサードにカウボーイが登場する

ことになる。すなわち、ストリート・マネージャーの育成が第一のミッションである。

具体的には、**図5**にあるように、双六（すごろく）のようなチャートを順番にこなしながら、ストリート・マネージャーと呼ぶべき人材を育てていくこととなる（**写真19**）。

・第1ラウンド：
プログラムを理解する
・第2ラウンド：
街の課題をみつける
・第3ラウンド：
マネージャーを決める
・第4ラウンド：
プログラムを展開する

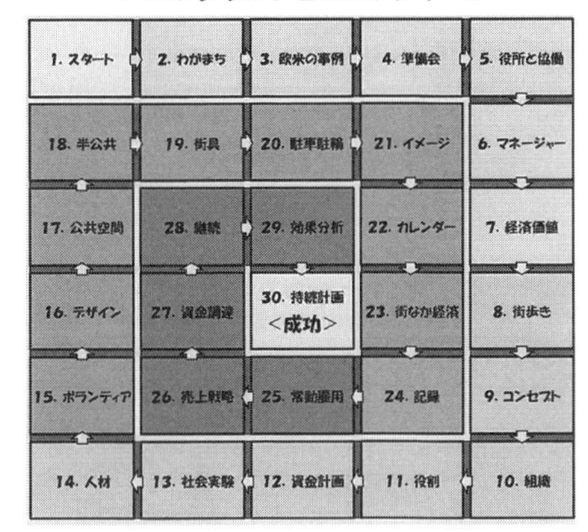

図5　4つのラウンドと30のチャート

ところで、ストリート・マネージャーとはどういう職能なのか。

言ってみれば、まちを「たべる」人が、4ポイントの学習を経た成果として備わっていく職能である。その彼らが中心となって地域でマネジメントを進めていく役割を担うことになる。

したがって、専門的な職能がそもそも備わっていなければならないわけではない。実際にNMSCでのヒアリングによれば、年齢や職業などは多様であった。大学を出たばかりの若者もキャリア形成の一助として、積極的に参入してくる。また、定年後の生きがいとして、自らマネージャーを志望する高齢者も多い。なお、必ずしも地域の出身者である必要はなく。いくつかの地域を渡り歩く外部からのセミプロ的なマネージャーも存在している。

実際にワシントンのAdams Morgan地区で紹介されたストリート・マネージャーは、そろそろ別の地域に移動を考えているという外部からの腰掛け的なマネージャーではあったが、通りを歩いているときに地域住民から声を掛けられることが多く、また、彼自身も常に自転車に乗って地域内を常に走り

写真19　住民の話に耳を傾けるストリート・マネージャー（左の男性）

回りながら、親が子どもを育てるように、注意深く街を見ている眼差しが、印象的であった。

成長の時代から成熟の時代にシフトした現在、まちをつくる場面ではなく、まちを育てる場面で「参加」が必要なケースが、ますます増えていくはずである。その時、まちを「たべる」人の強い想いとアクションによって、都市の単なる「空間」は、大事な「場所」に変わっていく。

しかし、米国のストリート・マネージャーのように、単なる想いだけではなく、学びが必要であり、しかもそれは、小さな子どもたちのうちから、十分養っていけるということを、欧米の事例は、そして津軽の児童たちの愉快な写真から、理解することができそうである。

しかし、それだけでは、まだ足りない気がする。「計画のまなざし」。次章では、そんな切り口で、「まち育て」を論じていきたい。

第Ⅳ章

「**私**」からほとばしる
「**まち育て**」の目線

1. 鳥の目線から少女の眼差しへ!?

われわれのように都市計画・まちづくりに関わる職能は、調査結果をまとめる報告書を作成する。あるいは、ある種の計画を提案していくときに、地域全体を表す図面を用意し、そこにさまざまな書き込みをするかたちで、最終的な図面を制作していくことが、普通だと思っている。年度末に完成される各自治体の報告書を見ると、A4縦の頁使いの中に、A3の折り込みで、全体の構想図や地図が挟まれることが多い。

まちに関わる計画提案は、図面で表現されるのが当たり前だと考えているからである。しかし、そんな先入観を払拭させられた貴重な経験を20年近く前にさせてもらったことがある。

福島県いわき市で1995年から数年間開催された「いわきまちづくりコンクール」(審査委員長：延藤安弘氏)[18]の審査員として参加させていただいた私は、子どもたちから大人まで誰でも参加できる、いわきの宝物絵地図コンクールの応募作品のプレゼンテーションを見たときに、思わず目から鱗が落ちる思いをすることとなった。

写真20は、数名の大人が、週末が来るたびに市内の名所や好きな場所を歩き回り、そこで写真を撮って地図に貼り、そこを100円バスでつなげていくと、まだまだ知らない宝物を十分味わえるという提案「ひまつぶしバスラリー」であった。数週間の調査成果としての労作であり、審査員の評価も高いものだった。私も、ある作品を見るまでは、高い評価を与えるつもりだった。

しかし、その作品は突然静かに目の前に現れた(**写真21**)。前述の作品とは違って、たったひとりの小学生の女の子が、一人で仕上げてきた応募作であった。しかも絵地図コンクールという範疇を越えた、1冊のスケッチブックだった。

応募作品のタイトルは「私の停留所」。とは言っても、この児童はバス通

写真20　大人の眼差しは鳥瞰的!?

写真21　私の停留所

学をしているわけではない。彼女は、毎日の小学校への登校路に、自分のお気に入りの停留所を設定し、それを歩く順番に絵にしてくれていた。最初は、「○○さんの家の縁側」だった。にっこり笑っているおばあちゃんが、縁側に座ってみかんを食べている絵であった。

次の絵は、「犬に吠えられる○○さんの家の玄関」。以下、数枚の絵が、まるで紙芝居の、いやもっと表現を高めれば映画のシーンのように続いていくのであった。

考えてみれば、われわれが都市の中で生活している中で、前者の作品のように地域全体を上から鳥のように俯瞰して、まちを見渡し、施設配置のバランスや交通ネットワークの充足度を目にすることはないのである。これは、明らかに「計画の眼差し」である。

一方で、この女子児童の目線は、じつは前章で紹介した、ストリート・マネジメントにつながる目線ではなかろうか。都市を大きくする時代は、そこまで自動車を使ってどのように短い時間で目的地に到達するかが大きな命題であったはずである。したがって、地域全体を表す地図を用意して道路計画を考えながら、場合によってはバイパスを新たに敷設するなどの判断をしてきた。しかし、女の子の目線は、まさにわれわれが街を歩くときの眼差しであった。ワシントンで出会った若いストリート・マネージャーが自転車を引きずりながら、地域を歩いているときと同じ目線であった。

この歩行者の眼差しを、都市計画にどう生かしたらいいのであろうか。上から見る目線は、舞台の配置を考える手法と言ってもよい。成長の時代は、舞台さえセットしておけば、プロデューサーも俳優も次々にやってきた（場合によっては海外からも)。あとは、それをどう効率的につなげていくかというネットワークの発想であった。しかもそれは、中心にとっての効率性だった。

しかし、それだけでは、地域で味わう物語の提案にはなり得ない。前述の女子児童のように、通りを歩く目線を大事にするまちづくりは、効率やそこで生まれる地価の上昇や税収の増大を想定しているわけではない。むしろ、気にしたいことは、こんなことなのである。

○歩いているのは、誰なのか
○どこで、なにが見えるのか
○なぜそこにこだわってみたいのか
○そこから、どんな出来事が生まれるのか

面（ゾーニング）で考えるのではなく、線（ルート）で考えるまち育ては、二次元の歩行軌跡に時間という新たな次元が付加されることによって、まさに物語が生まれる。物語が生まれるからこそ、「空間」は「場所」に再生されることになるのである。

中心市街地活性化のような計画の場合は、まさにこのような目線で物語を紡いでいく必要がある。成長から成熟の時代にシフトした現在、「効率」ではなく、「効果」を考えるネットワークを歩行者の眼差しでつなげていくことこそが、持続可能な地域のまち育てにつながっていくはずである。

まさにネットワークとして誰にも理解されている公共交通網にしても、上記のような鳥瞰的な目線で計画されているはずである。拡大する都市において、新たに形成される住宅地をなんとか公共でカバーしなければならない。そうやって、どんどん開発の後追い的にバス交通網が拡大していってしまい、人口減少の時代に突入した途端に、路線の縮小や便数の減少となっている現在である。

市民は考える。公共サービスがなくなるはずがない。公共は市民生活を成立させる義務がある。しかし、そう言っていられない時代になったことは、高校生でも知っている。

そもそも、公共とは何なのだろう。行政＝公共という単純な図式で説明をしていくことには、もはや限界がある。というよりも、その説明は正しかったのだろうか。例えば、公共交通という言葉の意味には、民間バスもタクシーも入るはずである。われわれは、公共という言葉の本来の意味を取り違えてきた可能性がある。そこで、もう一度、津軽の子どもたちの撮った写真を解説したい。

2.「私」からほとばしる公共性

「きらいな景観」として小学5年生の男子児童に選択されたこの**写真22**のタイトルを思い出していただきたい。それは、「そのままにしておく弘前市役所が悪いと思う」だったはずである。

前述の通り、いわゆる公共（行政）の責任ではない。というより土地の所有権が責任を決めるなら、これは行政の責任ではない。しかし公共とは、行政を単純に指すのではないはずである。

英語で公共を表す言葉となると、Publicであろう。英語辞書で調べればすぐわかる話であるが、その意味は、国民一般、大衆、公開などで表現されるものであり、権力や行政を指すものではないのである。その点で、写真を撮影した児童の「みんなが気持ち悪いと感じている場所をそのままにしておくのは、市役所が悪い」という言葉は、まさに的を射た表現ということになる。しかし、われわれは、いつの頃から公共＝行政という図式で単純化してきたのだろう。公務員は「みんな」のために務める人であり、役所に勤める人ではないにもかかわらず、公共＝行政という図式が、誤解を生み出してしまっている。PPP（Public-Private- Partnership）などという表現をする場合には、Privateとの相違を敢えて出す意味合いでPublicが使われているものであり、それが行政を示すことに問題はないが、公共とはそもそも行政を示す言葉ではないはずである。

こんな疑問を感じていた時に、市民参加の手法をいち早く日本のまちづく

写真22　この写真から公共性を論じてみたい

りに取り入れ、先駆的な実践を積み重ねられてきた林泰義氏（当時、計画技術研究所所長、玉川まちづくりハウス）に、ある本を読んでみたらというアドバイスをいただいた。

それは、溝口雄三著『一語の辞典　公私』（三省堂）であった。このシリーズは、国語辞典のような限られた分量では十分に語り尽くせない、一語一語の背景にあるドラマティックともいえる「ことば」の物語を、一語一冊のスタイルで取り上げていくシリーズ（三省堂ホームページより引用）であり、人権、愛、自然、こころ、家など、公私を含めて、全20冊が刊行されている。それを読めば、「公」という漢字の本来の意味がわかるというのである。

早速、この文章にぶつかる。「公は平分なり、八ムに従う。八は猶背くなり。韓非曰く、ムに背くを公と為す」。この漢文的表現は何を意味しているのだろうか。私を含めて誰もが勘違いをしているのかもしれないが、「公」と「私」はけっして対立語ではないというのである。どちらも「ム」というつくりを持っている。「ム」は中国では自分自身を指すそうである。つまり「公」も

「私」も、「ム」から始まっている漢字である。「ム」の上についている「ハ」は、言ってみれば両手だと林さんは教えて下さった。「私」が両手を拡げれば、それは「公」になる。

しかし、日本に入ってきた「公」は、訓読みで「おおやけ」あるいは「きみ」と表現されることとなった。天皇（おおきみ）と屯倉（みやけ）から言えば、かなりステータスの高い位を示す言葉である。

時代劇などで、よく天皇のことを「オカミ」と呼んでいるのを聞くことがある。すなわち、公とは至上の存在なのである（これに神の意味が入っていたかどうかは、不明である）。

これが明治維新を経て、かの福沢諭吉の名言につながる。「天は人の上に人をつくらず、人の下に人をつくらず」。そこで「公」を担う存在となったのが、政府であり、そしてそれは自治体の役所につながっていくのである。だから現在も、役所のことを「オカミ」と表現する人がいるはずである。

中国の「公」と「私」の解釈を溝口氏の本から読みとれば、「公」の共同性は、民の「私」や「欲」の集積として存在しているということになる。すなわち、＜つながりの公＞である。

3. 微分の「まち育て」？

上記の文章を目にした時、私は突然、高校数学で習った微分を思い出してしまった。

微分は各微小な点の傾きであると学んだはずである。各点によって、傾きはバラバラであるが、一本の関数で表現される、つまりつながっている形態である。一つの個の部分の特性は認識しながら、全体的な関係性は保たれている。言い換えると、「私」が輝きながら、関係性のつながりとして、「公」が構築されていく。逆に、すべてが同じ傾きというのは、宗教かファシズム

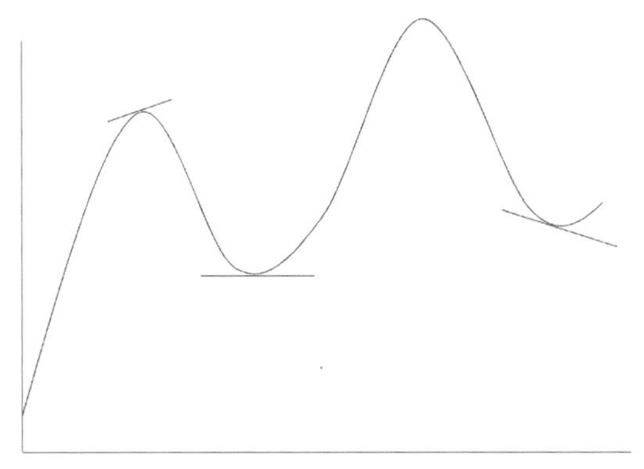

図6　微分の世界

しかあり得ないのではないか。

私はかつてこれを、「私」からほとばしる公共性[19]と表現したことがある。その後、「活私開公(かっしかいこう)」[20]という概念で著名な山脇直司氏（東大名誉教授）と八戸で対談することがあり、そこで山脇氏からもまったく同じ意味であると評価していただいた。本来の漢字の意味から「公」を捉える考え方は、まさに「私」から「公」に開いていく考え方に帰着するはずである。

とは言え、数学的な自信は皆無であるため、友人の数学者に数学的に間違ったことを言っていないか尋ねたことがある。彼の答えは、微分は、差異を最大にする数学であるというものだった。微分の「微」は、小さいことよりも、顕微鏡の「微」と同じで、それを大きく見せるという意図が入っているものである（**図6**）。

逆にそれと正反対の世界が積分である。数学者の言葉を借りれば、積分は、差異を最小にする数学であるというものだった。すなわち、**図7**で表現されるように、積分の世界では、個々の点の特性よりも、まとまりとしての大きさが問題になってくる。二次元であれば面積、三次元であれば体積。その解を求めてしまうと、そこに違うベクトルを持った点が確実に存在していたとしても、全体のまとまりの中で、それは埋没せざるを得ない。ある意味で、

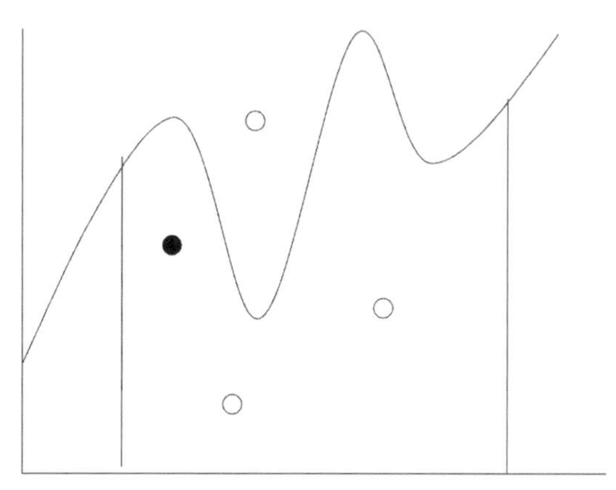

図7　積分の世界では●は捨象される

議会政治の多数決と同じである。

まちづくりは、往々にして、積分的な考え方で進められていく。何よりもまず、制度を適用する区域・区間を設定する。例えば都市計画道路の建設、地区計画の設定、条例の適用範囲など、すべてそうである。

そこで設定された線の中に入っていれば､制度に適応しなければならない。一方で、そこに入っていなければ、たとえ同じベクトルを持っていたとしても､補助や支援の対象にはならない。したがって､これまでのまちづくりでは､この線引きの設定に対する地域住民の賛否両論が渦巻き、相応の時間とエネルギーを費やさざるを得なかった。そこで、導入される「参加」とは、さまざまなコミュニケーション・ツールを駆使しながら、ある方向に結論を導いていくための手法になってしまうことが多く、参加者に何とも言えない違和感を与えてしまうのだった。

しかし参加の真骨頂は、前掲の図1（27頁）で示したように、一般的な考え方から、ややはずれた意見を持っている人々の存在をどのように活かしていくかという点に尽きる。そういう意味で、まさに「まち育て」は、微分でなければならない。積分の世界で「場所」は生まれない。

4.「私」の「空間」が、「公」の「場所」に変わる

まさに微分の「まち育て」と言いたくなるような、「私」の関わる物語が「空間」を活性化させる事例を、ここで紹介したい。

以下の**写真23 ～ 26**は、青森県黒石市中町の通称「こみせ通り」の写真である。重要伝統的建造物群保存地区に選定されているこの街路は、江戸時代から伝わる歴史的建造物が特徴ではあるものの、何といっても「こみせ」の

写真23　中村酒造のこみせ

写真24　高橋家のこみせ

写真25　雪の高橋家

写真26　歩道としての「こみせ」

存在が、都市計画的に大きな意味を持っていると言わざるを得ない。

ご存じの通り、この「空間」は各敷地に立地する商家の軒先空地である。つまり、所有権から見れば、完全な「私」の土地である。黒石藩を追いやる形で津軽藩が黒石を支配するようになって、藩主が「街なか」の建物に「こみせ」の設置を義務づけた結果が、現在のこの「街なみ」となっている。

それは、歩道という「公」の空間が、本来は「私」空間として存在するはずの商家の軒先空間をつなげることによって成立している。正確に言えば、「私」しか使えないはずの「空間」が、地域独自のルールによって、住民が自由に歩くことのできる「公」のための「場所」に変身しているのである。

まさに、その「場所」が連続した形態こそ、微分的な「まち育て」の成果と見なすことができる。じつは、黒石市は昭和20年代後半に、ここに都市計画道路の敷設を決定していた。都市計画道路こそ、積分的なまちづくりの代表であろう。しかし、その事業を実施してしまうと、「こみせ」を持つ建物は、曳家(ひきや)をするか、あるいは完全に建て替えするしかなかったはずである。賢明なその後の黒石市の計画担当者は、それを選択せずに、結果的には最初の計画決定から50年以上経過した今世紀になって、ついに都市計画道路を外すことに成功している。

行政の進める道路拡幅工事によって形成される歩道ではなく、「私」から提供された「空間」をつなげて冬でも雨でも傘を使わずに歩くことのできる、黒石ならではの歩道が形成されているのである。

しかも、黒石の「こみせ」のさらに興味深い特色は、「私」と「公」との相互浸透性だけではなく、そこに「内」と「外」という空間の様相が絡む形で、一種独特の「場所」が登場しているという点である。

写真27は、「こみせ」の入口に玄関をつけた事例である。これを見てあらためてわかることがある。「公」としての「場所」となっているとは言え、明らかにそこは建築的には「内」なのである。

写真27　玄関のついたこみせ

写真28　内部空間としてのこみせ

写真28を見ると、それはより明確になる。写真27で紹介した玄関のついた「こみせ」につながる隣地の中村酒造の「こみせ」を外気から守るガラス戸の存在を見る限り、これはもう歩道というよりは、明らかに土間である。逆の言い方をすれば、人の家の土間を、歩道のように歩かせてもらっているのである。まさに空間のPPPである。

あえて、なぜこれを空間のPPPと表現するかといえば、このように「私」が前面に出た空間であるにもかかわらず、土地の税金を免除されていたということである。免税のインセンティブは、現代の都市計画で米国を先進として活用されてきている手法であるが、300年近くも前の津軽の小さな藩でそれが実践されていたという事実に驚く。

さて、そんな微分的歩道の怖さは、積分的なまちづくりのように、区間が設定された部分はすべて道路拡幅された形態と決まっているわけではないので、各店舗・住宅の考え方次第で、つながりが消失していく危険性があるということである。

実際、黒石でも1989年に中町の重要文化財高橋家のほぼ真向かいにある店舗が営業をやめ、それがマンション業者に売却されるという噂が拡がった。マンションを建設するには、前面道路が狭いことから、かなりセットバックしない限りは容積率を使い切るようなマンションの建設は不可能である。それは自動的に「こみせ」が消滅することを意味する。

この噂を知った隣地の酒造のご主人（鳴海文史郎氏）は、こみせ通りの住民ではないものの子ども時代からのつきあいが続く木下啓一氏[21)]を始めとする親しい友人たちを週末の午後に自宅に集め、驚くべき決断をする。マンション業者が買い取る前に自分たちが買ってしまうという、単純ではあるがきわめて大胆な作戦である。

英国の都市計画手法として有名なDevelopment Trust[22)]が、津軽平野の一

写真29 「こみせTrust」の誕生

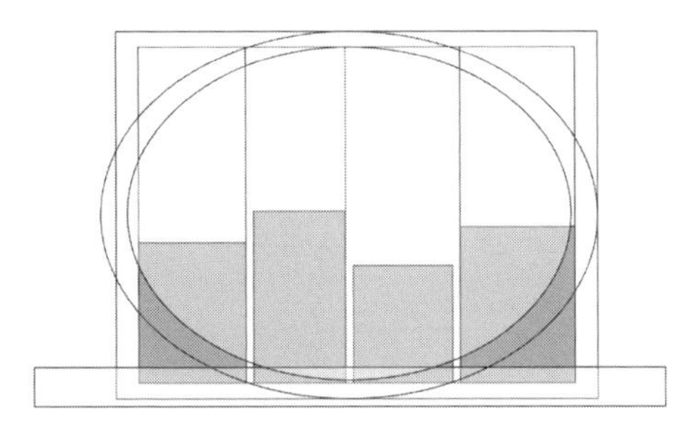

図8　饅頭のガワ(こみせ) とアンコ(かぐじ)

角で静かに成立しようとしていた。結果的に20名の「もつけ」（津軽弁で、お人好し、おだてに乗る人、熱中する人といった意味がある）が、約350万円を銀行から各自が借金をして、Trustを成功させたのだった。

Trustとは、日本語で信託を指す。次の世代を信じて託すということになる。活用を今すぐにしなくても、それを持っているという価値を次世代に引き継ぎ、その後、その活用について判断してもらう。その判断について、きっとしっかりと考えてくれるという信頼と期待を込めて託す。そのために、いまわれわれの「私」のお金を使ってもいい。

この「こみせTrust」の思想こそ、「私」の敷地を「公」の歩道としてまちの財産として活かしてきた黒石人気質が、生み出したものと言っていいのではないか。事業的なメリットが判断できない場面で、思わず「もつけ」気質で、買い取ってしまったという彼らの行動は、その20年後に、結果的に黒石市役所が買い取るという覚悟にもつながっている。

さて、そのように「私」からほとばしる公共性が静かながらも強烈に感じ取られる黒石市では、ある意味でもっと奥にある「私」を「公」に転換させるというまちづくりを、いとも簡単にやってのけてしまっているのである。

図8に示したように、われわれは都市計画を説明するときに、街区を饅頭にたとえ、ガワとアンコで説明をすることが多い。ガワは道路、アンコは街

写真30 「私」が「公」に転換したかぐじ広場

区内部である。黒石のような江戸時代からの街なみは、間口に比べて奥行きの異様に長い、いわゆるウナギの寝床的な形態の土地割りとなっている。全国どこもそうなっているが、それは土地の税金が間口に比例していたからである。

津軽では、このアンコの部分を「かぐじ」と呼ぶ。どうやら垣内がその語源だと思われている。衰退した中心市街地内の「かぐじ」は、ほとんど死んだ「空間」になってしまっている。黒石でも、古い蔵が放置されたり、片づけられた雪が、ただそのまま置かれるだけの土地であった。それぞれの間口が狭く、何らかの土地利用をするには道路にも接しておらず、どうしようもない空間で、そのままにされるしかなかった。

しかし、黒石のまちを「たべる」人たちは、プライベート性の強い立ち入り禁止の「私」の「空間」を、「公」のための「場所」として見事に再生し

写真31　ぱてぃお大門（長野市）

写真32　蔵の辻（越前市武生）

写真33　代官山T-SITE

たのだった。

「かぐじ広場」がそれである。長野市の「ぱてぃお大門」（**写真31**）や越前市武生の「蔵の辻」（**写真32**）、そして新しくは代官山の「代官山T-SITE」（**写真33**）のように、アンコを上手に民間が活用して、商業空間や滞留空間に変容させる事例は、全国に次々に登場している。しかし、「私」の「空間」を「公」の「場所」に自治体が中心となって進める事例は、それほど存在していない。黒石らしいまち育ての本質がそこにはあるような気がしている。

第 V 章

「場所」にこだわる「まち育て」

1.「場所」とはなに?

本書では、まちをつくる成長の時代から、まちを育てる成熟の時代にシフトしてきている中、まちを「つくる」人ではなく、まちを「たべる」人の役割の重要性を論じてきた。

その人々の「私」としての想いやアクションが、「空間」を「場所」に変えることを、「まち育て」と呼びたいとも述べてきた。

つまり、いま地域に必要な人々とは、自分たちで「空間」をつくろうと考える人ではなく、自分たちの「場所」を持ちたいと考える人なのである。だからこそ、まちをつくるための学びではなく、まちを上手にたべるための学びの必要性についても触れてきたつもりである。

ところで、「場所」とはいったいなんだろうか。私は、あるまち育ての実践の中で、小学生の女の子がつぶやいた「だってここ、私たちの場所だもん」という言葉を聞いて、一瞬、雷に打たれたようなショックを受けたことがある。それ以来、「空間」と「場所」使い分けるようになった自分がいた。ここでは、そのプロジェクトの紹介を通じて、「場所」とはいったい何なのかを、述べてみたい。

2. 青森気象台跡地公園計画

住民参加型まちづくりが脚光を浴びるようになり、青森県内でもいろいろと試したいという要望を聞くようになってきていた1998年に、私のところに、東日本最大規模の住民参加型の公園計画のコーディネートの依頼がきたところから、この物語は始まる。

青森市立佃小学校に隣接する旧青森気象台跡地の荒れ地を、何とか公園にできないかという地域の声を顕在化させる形で、ワークショップを積み重ね、

写真34　第一回目のWSに参加の佃小校長

最終的に市役所に提案していくものであった。参加者は、小学校の児童、その保護者と教師、町内会の高齢者の方々、地元商店街の皆さん、身障者を支援するグループと身障者ご自身、まちづくりワークショップに関心のある商工会議所青年部の方々、そして建築士会と私の研究室とが一緒に企画運営する形で、1998年2月にこのプロジェクトはスタートすることとなった（**写真34**）。

第一回目は、前述の林泰義氏や伊藤雅春氏（玉川まちづくりハウス）が実践された参加型公園づくりの先駆的事例としてわが国で最も著名な「ねこじゃらし公園」のビデオを見ていただいた。また市民の意見を参考にしながら公園を計画していくことの意義、つくる前よりもつくった後の参加の必要性などについて、私が講義しこのプロジェクトは始まった。最終的に16回に及ぶワークショップが約10か月の間に継続して開催されていった。

まったくゼロからのスタートではあったものの、参加者全員で前向きな議論をしていくことと、見学会や調査など、街に出かけていくワークショップなども折り込みながら、プロジェクトは進められていくこととなる。

しかも、当初は、図面の協力やワークショップ自体の見学という形で、傍観者のように参加していた青森市職員も、6回目のワークショップを過ぎるくらいから、仕事としての可能性を感じながら会場にきてくれるようになり、最終的には予算化されたという、当時としては稀有な事例と言えよう。

全体の流れとしては、レクチャーのあとに、いま自分たちに何ができるか、何が問題かを考えるワークショップ（欲張りな私たち&心配性の私たちWS）、市内の公園見学、商店街のヒアリング調査、公園でこんなことがしてみたいWS、こんな公園をつくりたいWS、模型づくりWSを半年くらいかけて進めていき、その後、その模型を青森市役所の公園課が見積りをして、その見積額をもとに、住民と行政とで協議をしていくというスケジュールであった（**写真35 〜 43**）。

写真35　第一回WSの様子

写真36　商店街でヒアリングを行うWSメンバー

写真37　すっかり調査員姿になじんでいる葛西町内会長

写真38　小学生たちの模型づくりの様子

写真39　平均年齢65歳を超える高齢者チーム

写真40　町内会長が机上に！

写真41　高齢者チームの完成模型

写真42　身障者を支援するWSテーブル

写真43　青森随一のユニバーサルな公園をつくる

普通、このようなワークショップは、模型づくりくらいまでは和気藹々と楽しげに実践されていくことが多い。このケースでも地元のテレビ局が第一回目から取材を続けてきて、録画データは相当たまってきているはずであったが、ワークショップの醍醐味ともいうべき場面に遭遇したら、それをテレビで紹介してくれるようにテレビチームに依頼して、そのまま進めさせていただくことにした。

ワークショップの醍醐味とは何か、それは創造的なケンカである。全員が同じ意見のわけがない。それを単純な多数決によって、積分的なまちづくりをしていくのではなく、微分的なまち育てを進めるためのワークショップになる必要がある。異なる意見のぶつかり合いから、どのような答えを見つけ出していくか。まさに創発的な結果を期待するためにわれわれは参加型手法を選択するのであり、予定調和のワークショップなどに学生を含めて協力する気はなかった。

事件は突然やってきた（**写真44**）。三つの模型を市役所が3週間預かり、完成のための予算を見積りし、その結果をメンバーに報告し、そこから次の作戦を考えるという、通算8回目のワークショップであったと思う。気がつくとテレビの撮影クルーが、ついにその時が来たと言わんばかりに、必死にカメラを動かし始めたのだった。

小学生チームの模型に対する見積額は1億2,000万円、身障者支援のグループが制作した青森県で最もユニバーサルな公園は1億6,000万円、そしてややスケールアウトの感もあるメルヘンチックな高齢者チームの模型は、なんと2億6,000万円の見積額であった。

その金額を聞いて、高齢者チームはなぜか拍手喝采であった。嫌な予感が走った。

そこで青森市の担当者から「お願い」が発表される。「青森市が一つの公園づくりに用意できる予算は、5,000万円が限度なので、どうしても欲しい

写真44　住民と行政との創造的なケンカ!?

ものだけにして、後は申し訳ありませんが、模型から外してもらえませんか」。大喜びしていた高齢者チームのメンバーの顔つきが見る見るうちに険しく変わっていった。「北原さん、結局は金か」。「どうせ最後に予算で削られるんだったら、夢なんか見なければ良かった」。極めつけは、「住民が2億6,000万円の公園づくりを提案しているんだから、その予算を用意するというのが住民参加ではないのか」。

最後の質問にだけは即答した。「とんでもない、まちをたべる人に金額を決める権利はありません」。

さすがに私が珍しく気色ばんで返答したのを見て、その高齢者は引き下がったが、どうしても面白くないというのは明らかだった。そして思わぬ言葉が口から出てしまった。「自分は75歳を過ぎてもピンピンしている。だから公園にも行く。車椅子に乗る人のための立派なトイレなどはつくらなくてもいいのではないか」。

場が凍りついた。無情にもテレビ局のカメラは、身障者支援グループのメンバーの表情に食らいつこうとしていた。しかし、あまりにも悲しい言葉に、何の反応も出ないのだった。

我慢できなくなったのは、子どもたちだった。泣きそうな顔をして、別の部屋で作戦会議をしてくると言って、グループで部屋を出て行くのだった。藁にもすがる思いで、私は彼らが戻ってくるのを待った。その時間は凄く長く感じられたが、実際には10分足らずだった気がする。

戻ってきて早々に、彼らのリーダーである中学一年生の女子生徒が、こう切り出した。「こんなことで、公園ができなくなるのは絶対嫌だから、私たちはみんなで考えました」。「みんなで遊具を6つ作って、1億2,000万円かかると言われたので、残念だけど3つ我慢します」。「そうすると6,000万円になってしまって、5,000万円の予算はオーバーしてしまう」。「でも市役所のおじさん、私たちが6,000万円も我慢するんだから、1,000万円くらいおまけして」。

真剣に聞いていた市役所の職員は、吹き出してしまった。「そうだね、もう少しおじさんたちも工夫するから、ちょっと待っていてね」。難しい課題が目の前に現れたとき、それをいろいろな立場の人々がどのように工夫して答えを見つけていくか、それがワークショップの醍醐味なのである。それをわれわれは子どもたちから教わることになる。

このような事件を経ながら、東日本最大級の住民参加型公園（つくだウェザーパーク）は建設に向かうことになるが、もう一つ忘れられない事件をここで紹介したい。

15回目くらいのワークショップで、ゴミ箱のデザインを考える機会を持つことになった。商工会議所のメンバーがデザイナーを連れてきて、さあ、これからみんなで楽しいデザインを始めようとするときに、ひとりの男の子が手を挙げた。「どんなにかっこいいゴミ箱を作っても、ゴミが入ったら、

写真45　完成した「つくだウェザーパーク」

汚いし臭い」。デザイナーを呼んできた大人がすぐ反撃する。「そんなこと言ったって、ゴミを公園に捨てられるよりはいいよね」。すかさず子どもが答える。「捨てなければいいよ」。大人は「そんなこと言っても、そばにコンビニもあるし、中学生たちが買い食いして、ゴミを落としそうだよね」。子どもは「持ち帰ればいいもん」。軍配は明らかに子どもの方に上がった。デザイナーは笑いながら会場を後にした。

そんな経緯のうえで翌年に完成した公園が**写真45**になる。予算は、公園自体の予算は変更できなかったものの、市制百周年記念予算を合わせ技で用意して、総額1億円が使用されることとなった。また、遊具は、子どもたちへの感謝の意味を込めて、4つ設置されている。

さて最大のエポックはその後にやってくる。公園の完成からほぼ2年が経過した夏、仙台から見学に来た短大生を数名連れて、公園に連れて行ったとき、ちょうど隣接する小学校の児童たちが放課後の清掃をしていたのだった。

写真46　何故か公園を清掃する児童たち

いくら小学校の敷地が隣とは言え、直接小学校の所有する土地でない以上は、放課後に清掃する義務などないはずである。もしかしたら、例のゴミ箱のデザインワークショップの際に、小学生の鶴の一声で、ゴミ箱をつくらない結論になってしまったことに端を発し、後輩たちが責任を取っているのかと思いつつ、子どもたちに尋ねてみる。「どうしてこの公園を掃除しているの?」。おそらく「そういうふうに決まっているの」とか「先生にそう言われているの」と言った答えが出るものと思っていた。しかし、そこで赤い体育帽をかぶっている女の子が発した言葉は、思いもよらないものだった。

「だってここ、私たちの場所だもん」

3. サードプレイス

この女の子みたいな表現を、われわれは口にすることができるのだろうか。

もちろん、宗教の違いから生まれる領土の取り合いのような場面では、それが戦争にまで発展するケースもある。津軽のような雪国の場合、雪かたづけ（多雪地域では、けっして雪かきなどとは言わない）をどこまでするかが、「だってここ、私たちの場所だもん」に最も近い感覚かもしれない（というか、「そこはあなたの場所でしょ」ではあるが）。

問題の核心は、「私たちの」という表現における「の」の意味である。英語であれば、Our Place あるいは My Place と表現されるのだろうか。いわゆる所有を表す「の」と捉えられがちである。

自分たちの責任が発生してしまう場所は、自分たちが所有している場所であるという先入観は、所有していない場所であれば、何もしなくてもいい場所であるという意識につながってしまう。

もとより、この女子児童は、公園を所有などしていない。おそらく彼女の言いたいことは、「私たちの所有する○○」ではなく、「私たちの大事な○○」とか、「私たちの大好きな○○」とか、「私たちの気になる○○」でしかない。もしかしたら、英国の子どもたちの3段階評価で出てきた、the ugly に最も近いのかもしれない。

なんだか気になる場所。英国の小学校教育では、それを何とかしたいと自分たちで考えさせることが、まち学習の目的であった。米国のメインストリート・プログラムでは、それに向き合うマネージャーを養成していくことが一つのゴールとなっていた。

われわれは日頃居住している自分たちの街なかに、この女子児童のように言い切れる「場所」を持っているだろうか。いわゆる最近の流行で言えば「サードプレイス」[23]である。

市役所や図書館のような公共施設のオープンスペースに設置されたテーブルやカウンターで、夕方に整然と座って勉強している中高校生たちの姿は、いまやどこの都市でも見られる風景であろう。最近私は、自治体庁舎の設計

写真47　総曲輪グランドプラザ（富山市）

写真48　総曲輪GPでのカジュアルワインの会（毎月第2木曜）

写真49　アオーレ長岡（長岡市庁舎）

写真50　2階のデッキは「私」の「場所」（アオーレ長岡）

プロポーザル審査の委員長を委嘱されることが多いが、ほとんどの場合、募集要項の中に、そのような「場所」を確保できるような空間提案を期待する文章が盛り込まれる。

富山市の総曲輪グランドプラザ（**写真47、48**）や長岡市のアオーレ長岡（**写真49、50**）のように、雪国であっても、半外部空間が自由な「場所」として市民に意識されるケースが多くなってきている。[24)]

サードプレースなどと洒落た英語は使わずとも、私の「場所」を持ちたい人々がたくさんいる。それは、所有ではなく利用、つまりまちを「たべる」人としての、重要な動機づけになるはずである。

第 VI 章

「空間」を「場所」に変えるまち育て
＜黒石市の実践から＞

これまで論じてきたことを、年数をかけて進めてきた一つのプロジェクトの事例として、私が関わってきた黒石市のこの20年間の活動を、詳しく述べることとする

1.「まちづくり」から「まち育て」へのシフトチェンジ

最初に黒石市に関わらせていただいた仕事は、中心市街地活性化基本計画の策定であった。私自身の研究テーマが「都市の中間領域論」であり[25)]、「こみせ」という独特の空間の存在は、私が博士論文をまとめるにあたって、大変重要な位置づけとなっており、その感謝の意味でも黒石市のまちづくりのお手伝いを学生ともどもしてみたいという気持ちから、弘南鉄道弘南線に乗って出かけていくこととなった。

20世紀がもう終焉（しゅうえん）を迎えているにもかかわらず、当時の経済界には、まだそれまでの成長の時代の神話をそのまま継続して信仰している人々が少なからず存在していた。第Ⅰ章で述べた人口減少社会への対応など微塵も意識していない楽観的な人々である。そのような人々に限って、中心市街地の衰退を、道路と駐車場整備の問題とすり替えてしまうのであった。前述のように、黒石市の中心街は都市計画道路決定が50年近く前になされているものの、「こみせ」を残したまま、一方通行で通行量の少ない比較的歩きやすい街路として、観光にも活かせそうな趣を持っていたのだった。

開発論者の意見は、両面通行の採用と大規模駐車場の整備であった。新参者ながら策定委員長にしていただいた私は、これらの意見と真っ向から勝負するしかなかった。抵抗勢力はかなり大きいものであったが、長年の悲願である重要伝統的建造物群保存地区の選定に向けた取り組みに関しては議会の中にもぶれはなく、われわれもその方向から、中心市街地活性化計画の策定に向けて議論を重ねていくこととした。

都市計画道路を外すこと。それこそ私が事務局と考えた最初の行き先であった。ちょっと奇異な感じに聞こえるかもしれない。しかし、成長から成熟にシフトして行くという時代の先駆けとして、多少の反論はあろうとも、もうこれ以上、自動車のスピードに対応したまちづくりを、中心市街地に持ち込むことに意味はなかったのである。そこで、中心市街地活性化基本計画の最終報告書のキャッチコピーは、「こみせが輝くまち」であった。文化財の保存という意味ではなく、「こみせ」がどのようにすれば輝くのかを、市民とともに考えていかねばならない時期が、眼前に到来していた。

「こみせ」と「かぐじ」という空間的特徴をフルに活用していわゆる「アンコ」の部分を、歩く人々がつなげていく、フットパスのネットワークを書き込むことで、中心市街地の再編集を進めようとしたのであった。また、外へ外へと拡大していった時代への反省として、外の人々が中を使いたくなるような、言い換えれば、「こみせ」を自分たちの「場所」と考えることができるような計画を提案した。

慢性的な財政赤字で、黒石ではなく赤石であると揶揄されていた黒石市は、この段階で、ストックを活かしながら、成長の時代のまちづくりの落とし子としての都市計画行政からの脱皮を静かに始めようとしたのであった。

2. まちを「たべる」プロたちとの出会い

中心市街地活性化基本計画を策定するためには、当時の手法として、TMO（Town Management Organization）を組織化することが必須であった。黒石のTMO津軽こみせ株式会社は、先に述べた「こみせTrust」をやってのけた「もつけ」たちが中心になって、商工会議所と市が連携する形で組織化されていった。その考え方は、まさに成熟の時代のまち育ての発想を中心にしており、私自身も無給顧問（?）という形で、理事会にも参加させていただき、いくつかの成果を出しながら、初代社長の木下啓一氏とセットで、中心市街地活性化シンポジウムやフォーラムに呼ばれることがたびたびあった。

中心市街地の「こみせ」で、農村部の農家の朝市を実施するというような取り組みも始めた。もともと道路使用許可のいらない「私」の空間であり、黒石ならではの商いの「場所」が生み出されていくこととなる。またその延長として、TMOの入った建物（津軽こみせ駅）では、津軽三味線の演奏だけでなく、農家のお母さんたちによる漬物教室なども始めていくことになる。なお、TMOの入った建物こそ、Trustによって残された「こみせ通り」の建物であった。

まちを「たべる」人々の発想は豊かである。津軽三味線の演奏にしても、「津軽じょんがら」の発祥の地であるという伝承（第3章を参照）を活かして、

写真51　津軽こみせ社員の演奏家　渋谷幸平氏

高校を出たばかりの三味線が大好きな、でもプレーヤーとしてはまだまだ始めたばかりの渋谷幸平氏を、TMOの正社員として採用した。彼は好きな三味線を、さまざまな空間で弾き続け（**写真51**）、彼を育てていくことこそが、「津軽じょんがら」の里としての黒石の「まち育て」につながっていくというコンセプトが徹底されていった。

またパティオ事業を活かす形で、「アンコ」の見える化としてのフットパス事業もTMO津軽こみせによって進められていった（**写真52 ～ 54**）。その後、全国的に早い時期に設定されたTMO自体の限界が叫ばれ、企画調整型のTMO形態ではないまちづくり会社の必要性が論じられる時代に移り変わる中で、木下社長の急死などを経ながら、ある意味での役割を終えた形で、そのミッションは、市役所に受け継がれることとなった。

写真52　こみせん広場

写真53　TMOが描いた黒石みらい物語（平成15年）

写真54　渋谷さんが演奏している風景も物語に盛り込まれている

3.「空間」を「場所」にしたい人々を育てる

まち学習については、黒石ではかなり先進的な取り組みが進められてきている。黒石はかねてから社会教育が活発なまちであり、また学社融合的な取り組みも盛んで、地域と学校教育との連携も上手に行われている感がする。青森県が進めている小学生のための「景観教室」の募集に対しても、例年、黒石東小学校（黒石市の中心部の児童たちが通う小学校である）からの応募が続いており、現在は市が単独で予算を用意して、小学4年生を対象とした景観ウォッチングが実施されることとなり、私と学生たちでそれを毎年支援する形となっている。

研究室の学生が1～2名引率するスタイルで各グループがこみせ通りを含めた中心市街地を歩き（**写真55**）、そこで撮った写真を3段階で評価したポ

写真55 まち歩きの授業

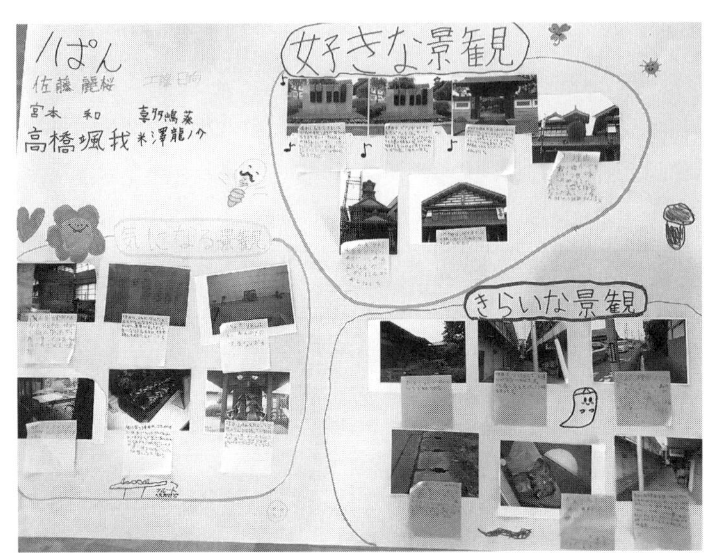

写真56　三段階評価ポスター

写真57　ガリバーマップ作成風景

スターを班別に作成し（**写真56**）、ガリバー地図[26)]のスタイルで体育館に敷き詰められた地域の拡大地図の上を歩きながらその場所を見つけて写真を貼りながら整理していく（**写真57**）。

次は、例の the good, the bad & the ugly の作業を行い、その後は、壁新聞の要領でグループ別にプレゼン資料を作っていく（**写真58**）。

このような作業を、中心市街地の児童たちは、4年生で全員が経験することになる。ボディブローのように後でじわじわと効いてくる「まち学習」が黒石では行われているのである。

一方で、大人たちの学びについては、少しわれわれも仕掛けてみた。メインストリート・プログラムについて日本への導入を検討する委員会が国土交通省都市局との連携のもと再開発コーディネーター協会内に設置された。[27)]幸運にも委員として巻き込んでいただいた縁で、また偶然にも、当時の青森

写真58 プレゼンテーションの制作風景

写真59　壁新聞の発表風景

県県土整備部都市計画課長（今裕嗣氏）が、このプログラムに関心を持っておられて、青森県がお金を負担する形で、八戸・十和田・黒石の3都市で、このプログラムの勉強会を開催してくれたのであった。これは47都道府県の中で唯一の取り組みであった。

講師は、私の他に、再開発コーディネーター協会内の大谷昌夫氏（都市ぷろ計画事務所）と内藤英治氏（パサージュ都市研究所）で分担し、どこかで本格実施をしてくれる都市を期待しつつ勉強会に臨んだ。

その頃には、メインストリート・プログラムでは意味が通じにくいとのことで、再開発コーディネーター協会の委員会において、街なか《通り再生》プログラムという和名に変え、全国的に発信しようとしたわけであるが、勉強会に参加した黒石市役所都市建築課の太田淳也氏から、ほどなく電話がきた。本格的に取り組みたいという相談であった。彼もやはり「もつけ」（77頁参照）であった。

トントン拍子に話がまとまり、青森県が講師の交通費などの支援をし、指導は日本メインストリートセンター[28]の内藤英治副理事長が私と連携しながら実施するというスタイルで、2011年、東日本大震災直後の春から、勉強会を繰り返していったのであった。指導は、まさにメインストリート・プログラムにおける30のチャートをそのまま10名程度の受講者に集中指導する形で行われ、それには市役所の職員も商工会議所事務局も同席し、会場も、夕方に会議所内で最も空いている確率が高い（?）会頭室を無償で使わせていただいたのであった。

そのような形で、黒石ならではの「まち育て」戦略がスタートすることになった。次代の人材を「育てる」ことをメインに据えた黒石ならではの街なか《通り再生》プログラムは、全国初の本格実施として動き始めた。

写真60 噂のボッコ靴

受講者は、こみせ通りで営業する飲食店の二代目、国の重要文化財高橋家当主のご子息、中町こみせ通りと直交する横町で古くからボッコ靴製造[29]（**写真60**）で有名な靴屋の若主人、弘前から仕事で頻繁に黒石に通っているグラフィック・デザイナー、黒石出身でいまは結婚したことにより弘前に住んでいる主婦、マレーシアから横浜国立大学大学院に留学して、卒業後に結婚した伴侶についてくる形で黒石に移住してきた家庭科教育と語学に堪能な女性、隣町でリンゴを中心とした農業を本気でやっている若手農家、津軽こみ駅の店長、市議会議員ほか、実に多彩で若々しいメンバーと私の研究室の大学院生を巻き込んで、プログラムは進められていった。

地元の商工関係者の元気な跡取りたちと、「場所」を持ちたい地域住民の熱い想いとの組み合わせによって、まちは明らかに変わっていく。とは言え、想いだけではまちづくりは進まない。現実的課題やビジネスとしての持続可能性を真剣に学んでいく「まち育て」学習が、いまこそ必要であることを内藤英治氏が熱く語り続け、さらにNPOのような組織体を構築して責任を明らかにすることによって地域の信頼を得ていく必要性について私が説く。こうしてわが国初の街なか《通り再生》プログラムの本格実施が始まっていった。

学習の中で結成された受講者の組織体は、「横町十文字まちそだて会」と命名された。こみせ通りをターゲットとした、「こみせ」を所有する地域住民などで組織した「こみせ保存会」はこれまでも存在していたが、この新しい組織は、たとえ黒石市民でなくても参加でき、また、こみせ通りである中町と交差する横町（かつては、この通りにも「こみせ」は数多くあったらしい）を抑えることで、点から線へというこれまでの考え方を、さらに線から面へ発展させる可能性が広がる意味を込めて、「横町十文字まちそだて会」という表現になったものである。

学習の成果として、2012年6月に出されたアジェンダには、「私たちのまち育て戦略」というタイトルのもと、街なかに、自宅でも職場でもない「第3の場」をつくるということが、会の中心テーマとして打ち出されている。この「第3の場」を彼らは、その場でホッとくつろげる場、あずましい場[30)]、文化と出会える場と表現した。
そして、ちょっと意気込んで、「心のスイッチを切り替えられる非日常の時間と空間」と謳っている。

まさに、横町十文字エリアを「第3の場」として育てていくことを会自体の究極の目的であると再確認したうえで、目指すべき街の姿を、「歩いて回れるくつろげる街」としている。

彼らは、2012（平成24）年7月に任意団体として発足後、徐々にメンバーを増やしながら、2014（平成26）年11月にNPO法人として認証を受けて、

写真61　メンバーのまち歩き風景（横町十文字まちそだて会より提供）

活動を活発化させていくこととなる。メインストリート・プログラムでは、プロモーションも大きな活動要素になることから、さまざまなメディアを用いて、まちを歩くという彼らの活動を発信していくこととなった。

まち歩きを商品化させるために、地元のことはとりあえずわかっているという知ったかぶりを払拭するために、2013（平成25）年には総計で40時間を使って、メンバーで街なかを歩き回り、自分たちでまち歩きのルートを開拓していったのだった（**写真61**）。

一方、彼らを育ててきた黒石市都市建築課は、「小さなまちかど博物館」事業を始めることとなる。手づくりの技店、販売の技人、建物などの小さな個性を「文化」と捉え、仕事場や店舗の一角で人の語りとともに見学や体験ができる事業として創出するものであり、横町十文字まちそだて会の活動とセットで、その効果が大きく発揮されることとなった。

2013（平成25）年度にまち歩きツアーが本格的にスタートした段階から、徐々に数を増やしながら、NPO法人として本格実施を始める2015（平成27）年度には、全部で21か所の「小さなまちかど博物館」が認定された。

写真62　まち歩きツアーのパンフレット

写真63　まち歩きツアーの様子（横町十文字まちそだて会より提供）

写真64　半纏をまとって解説する村上理事長

会員であるグラフィック・デザイナーが魅力的なパンフレットを制作し、またまち歩きの案内人として、メンバーも半纏をまとって役割を演じきるなど、NPOならではのツアーの商品化を実施していった（**写真62～66**）。

さらに、彼らの活動は多面的に拡大していく。歴史的建造物を活かした戦略的モデル事業として、空き店舗活用による「食と文化のものがたり」、そして店舗改装事業と、歩くだけではなく、まちを魅せる活動を進めてきている。

写真65 会員たちによる店舗改装（横町十文字まちそだて会より提供）

写真66 会員たちによるボッコ靴プロモーション

4. 黒石ならではの活私開公

「私」の「空間」を「公」の「場所」に転換してきた黒石のまち育てのセンスは、脈々と新しい動きにつながってきている。

こみせ通りの商家は、古くから黒石のまちでは「おおやけ」と呼ばれ、文化財に指定されるような「こみせ」を保有するだけの力を持つ、しかも敷地規模の大きいステータスの高い人々と見られてきた。したがって、どちらかというと保守的なイメージが強く、活私開公(かっしかいこう)（71頁参照）というよりも、まさに「おおやけ」と呼ばれるだけの上の存在としての「公」であった。

しかし平成になって、重要伝統的建造物群保存地区（以下、重伝建）に選定されることになると、所有者たちの意識が変化し始め、立派な庭園[31)]を観光客が多い休日に通りから見えるように公開し始めた（**写真67 ～ 69**）。まさにそれこそが、活私開公そのものであると見なせよう。

このような活動は、東北地方の他の都市にも上手く伝わっていくこととなる。黒石が重伝建に選定されたことに刺激を受けた秋田県横手市増田地域の商家の人々は、彼らが邸宅内に保有している内蔵を、当番を決めながら公開

写真67　公開された「おおやけ」の庭

する活動を続け、結果的に重伝建の選定へとつながっている。また、重伝建としては、日本で最初に選定されたものの一つである仙北市角館の人々は、黒石の活動に刺激を受けて、庭あるいは内蔵の公開に始まり、さらに、蔵の内部を使ったネオ・クラシック[32]という芸術との連携事業にまでつなげている。

一方で、横町十文字まちそだて会が始めたまち歩きツアーや空き店舗活用の取り組みとは異なる活動として、黒石商工会議所は、すでに2009（平成

写真68　黒石からの飛び火・安藤醸造の庭公開（角館町）

写真69　ネオ・クラシックのアート展示（安藤醸造）

21）年度には青年部の独自活動として市内の高校を中心とした空き店舗活用のアイデアコンテストを行っている。高校生らしい斬新な企画（**写真70、71**）を実験しながら、街なかを歩いて楽しむという考え方と空き店舗の活用を結びつける取り組みを始めていた。

さらに、TMO津軽こみせが中心となって、青森大学の専門家や地元高校のデザインを専攻する生徒たちにも協力してもらう形で、こみせ通りの電線地中化に関してのCGを用いたシミュレーションを実施するなど、中心市街

写真70 浴衣を着た高校生が案内人となる焼きそば巡り

写真71　農業高校の生徒による空き店舗活用

地の景観整備に対する関心も、徐々に大きくなっていく傾向にあったと言える。

2015年の11月には、黒石市では政策研究大学院大学に弘前大学大学院地域社会研究科が協力をするかたちで、まちづくりセミナーを実施した。それは国土交通省都市局の後ろ盾により、リノベーションまちづくりの実践のための演習を全国展開で実施する企画の一つとして実施されたものであり、結果的には前掲の内藤英治氏（日本メインストリートセンター副理事長）や私が協力する形で、黒石の街なかを題材に、メインストリート・プログラムの1泊2日の研修を実施したのであった。

当然のことながら、先述の「横町十文字まちそだて会」のメンバーも研修生として参加をする形で、密度の濃い研修が進められていった。そこでは、こみせ通りに面する半ば空家化しているM邸を、リノベーション活用候補の

写真72　まちづくりセミナー　パンフレット

一つとして、所有者の協力を得て内部の見学を実施させていただき、リアルな検討を実施することができた。

検討の中では、民泊施設として活用できないか、あるいは、その運営を「横町十文字まちそだて会」が担うことはできないかといった議論がなされたが、その経験が2年後に、まさに黒石ならではの驚くべき創発的まちづくりに結びつくこととなった。

よく知られていることではあるが、電線地中化は、それ自体は景観向上という意味からは大変重要な取り組みではあるものの、そこで問題となるのは地上に出てしまうことになるトランスの見え方である。表面にかわいいキャラクターを描いたり、地域に関連のあるデザインにしたりするなどの方策はあるものの、どうしても地上に現れるその存在感を消すことは難しい。

とは言え、国土交通省からも、トランスを視線から隠す手法として、看板で目隠しをするケースやトランスのまわりを囲って家屋と一体化する事例、あるいは沿道の庭に設置して植栽で隠す事例がホームページなどで紹介されている[33)]。

しかし、黒石では、前述のまちづくりセミナーに協力をしていただいたこみせ通りに面する民家の所有者M氏から、信じられない協力をいただくこととなった。いくら普段は不在であるとはいえ、道路に面した一番南側の車庫（シャッター付き）の土地を、黒石市が購入したのである。そして、そこにトランスを置き、外部の視線から完全に遮ることに成功した（**写真73、○印部分**）。

すなわち、中間領域的な「こみせ」ではなく、真の「私」の「空間」が、配線設備を隠すことのできる、「公」の「場所」に変わることになった。それは、江戸時代から続いている「私」と「公」との転換的思考が根付いてきている黒石だからこそ生まれた、まち育てのひとつの現れと見なしたい。

写真73　トランスが建物内に設置されるM邸

写真74　電線地中化工事の様子

5.「空間」を「場所」に変える<旧松の湯再生プロジェクト>

黒石市では、これまで本章で述べてきた黒石ならではの「まち育て」の活動がうまく絡み合う形で、「空間」を「場所」に変える刺激的なプロジェクトを進めてきている。それが旧松の湯再生プロジェクトである。

そもそも黒石市の中町こみせ通りが、2005（平成17）年に文化庁から重要伝統的建造物群保存地区に選定される以前から、旧松の湯は独特の景観で際立つ建物であった。江戸時代には旅籠として利用されていた建物であったらしいが、その後銭湯となり、1993（平成5）年に廃業するまでの間、市民には公衆銭湯として親しまれてきただけでなく、屋根を突き破った松の木のその堂々たる姿を、常に市民や観光客にアピールしてきた（**写真75**）。

名前にも表現されている松の木は、屋根を突き破る形で立っており、実際に松に近い北側こみせ部分の柱は、基礎から離れてしまっており、その成長により、松が建物の構造を支える形となっているほどであった。

写真75　昭和7年当時の松の湯＜右側＞（旧松の湯再生事業報告書より）

重伝建の中心部に位置することもあり、廃業後そのままになっていた旧松の湯に対しては、さまざまなグループが活用のアイデアを提案してきている。2004（平成16）年には、こみせ保存会にTMO津軽こみせ、そして弘前大学の私の研究室が協力する形で、WSを用いた松の湯活用案が出されている。その翌年、2005（平成17）年に、重要伝統的建造物群保存地区として文化庁から選定され、その年度内に「歴史的町並み景観を活かした地域活性化事業報告書」が作成され、旧松の湯活用のための課題の整理が実施され、そのうえでの活用案についても検討されている。

そして、これまでも「こみせTrust」や「かぐじ広場」の出現など、サプライズが出現してきた黒石では、2006（平成18）年度に、文化庁の補助を用いながら、市が旧松の湯の土地と建物を取得するに至るのである。

そこに絶好の機会が現れる。日本建築学会都市計画委員会内に設置されたデザイン教育小委員会（現在は、住まい・まちづくり支援建築会議教育・普及部会）は、2005（平成17）年度から日本建築学会大会開催に合わせて学会会場周辺の都市で、シャレット・ワークショップ（以下、シャレット）[34)]を開催してきていた。筆者も指導スタッフとして参加してきたが、全国の建築、都市を学ぶ大学院生を総勢で30 ～ 40名、地域に5日間、いわゆる缶詰にしながら、地域の課題を抽出した後、創造的な提案を地域の行政や住民の前で発表するというものである。

そこで私は、弘前大学を協力スタッフにして、2009（平成21）年度の東北大学での学会開催に合わせて、周辺都市というには若干離れてはいたが、黒石市をシャレットの対象地として推薦し、開催が決定された。

まちを「たべる」人が、いろいろなアイデアを口に出し始めたとは言え、旧松の湯の活用について実質的には動ける状況にはなかったこともあり、これを機に若い「風の人」を集中的に黒石に集め、「土の人」の覚醒を待つという話を、当時の鳴海広道市長にもお伝えし、玉田芙佐男副市長の指示のもと、全面的なバックアップを受けて、2009（平成21）年8月19日～25日の日程で、「学生と地域との連携によるシャレットWS in 黒石」の開催にこぎ着けることができたのであった。

全国から集まった30名を越える学生たちは、予想通り、旧松の湯の活用に興味を持ったようだった。それとともに、黒石の街なかの歩行者ネットワークの提案など、5グループからアウトプットが出された。

早速、「土の人」が動いた。シャレット終了後の9月中旬に、青森県建築士会南黒（南津軽郡および黒石市）大会において、学生たちに負けじと旧松の湯に関する8提案が出された（**写真76～78**）。

一方で、黒石市は、学生たちの提案をもとに、WSを単なるイベントに終わらせないために、「こみせ保存会」に属するこみせ通りの「おおやけ」の方々、商工会議所関係者、地元の建築士会メンバーなどを巻き込みながら、翌年の1月23日～24日に、あらためて「旧松の湯再生WS」を開催することとなった。2005（平成17）年からシャレット・ワークショップは13年間続けてきてい

写真76　ワークショップ風景（こみせんホール）

写真77 学生たちの提案（松の湯グループ）

津軽新報

「松の湯」再生へ

1月23、24日・黒石

ワークショップ・シンポジウムを開催

黒石市中町こみせ通りにある「旧松の湯」の再生を考えるワークショップが1月23日、シンポジウムが24日、産業会館で開かれた。再生に向けて意見を交わす市民や学生らの取り組みをグラフ特集で紹介する。

「大切なのは市民からの提言と県外からのいろんな声のマッチング」と話す鳴海市長

「情報が集まって、話し合える場があってもいい」と来場者も提言

鳴海市長とワークショップに参加した市民、大学院生・学生らがパネリストとなり、意見を交わしたシンポジウム

シンポジウムに先立ち23日に行われた市民参加型ワークショップ

ワークショップに参加した9人の大学院生・学生

会場には昨年8月のシャレットワークショップで製作した模型を展示

ワークショップの成果を報告する小林正美明治大学教授

これまで取り組んできた県建築士会南黒支部の活動を紹介する見正明さん

写真78 「土の人」によるワークショップ（津軽新報より）

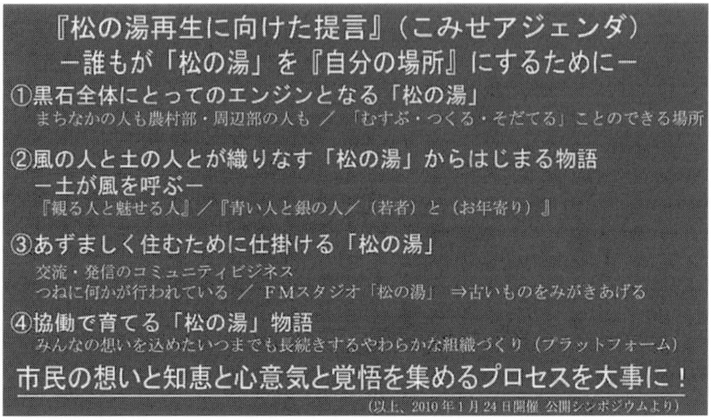

『松の湯再生に向けた提言』（こみせアジェンダ）
ー誰もが「松の湯」を『自分の場所』にするためにー
①黒石全体にとってのエンジンとなる「松の湯」
まちなかの人も農村部・周辺部の人も ／ 「むすぶ・つくる・そだてる」ことのできる場所
②風の人と土の人とが織りなす「松の湯」からはじまる物語
ー土が風を呼ぶー
『観る人と魅せる人』／『青い人と銀の人／（若者）と（お年寄り）』
③あずましく住むために仕掛ける「松の湯」
交流・発信のコミュニティビジネス
つねに何かが行われている ／ ＦＭスタジオ「松の湯」 ⇒古いものをみがきあげる
④協働で育てる「松の湯」物語
みんなの想いを込めたいつまでも長続きするやわらかな組織づくり（プラットフォーム）
市民の想いと知恵と心意気と覚悟を集めるプロセスを大事に！
（以上、2010年1月24日開催 公開シンポジウムより）

図9　こみせアジェンダ

るが、対象自治体が、すぐに取り組みを開始してくれたのは、これが初めてであった。

驚きだったことは、8月のシャレットに参加してくれた学生たちのうちの数名が、ボランタリーに黒石を再訪してくれたことである。この事実が、「土の人」を勇気づけ、プロジェクトは前に進むこととなった。われわれは、次のステップに活かすべく、こみせアジェンダという名の覚え書きを提出することとなった（**図9**）。

6．想いから実現へ

2010（平成22）年度には、正式に旧松の湯再生基本計画を私の研究室で受託し、学生ともども、地域の「たべる」人と「つくる」人との協働による計画策定を進めていくことになった。

そこでは、8月から11月までの社会実験として、廃屋となっていた旧松の湯の大掃除を、青森県建築士会南黒支部みらいのまちづくり委員会や黒石市役所のメンバーと実施し、国土交通省の住まいまちづくり担い手事業に採択

写真79　スタッフによる旧松の湯の大掃除風景

写真80　弘前大学アカペラサークルのコンサート

写真81　番台につい座ってしまう見学者

され、土日限定で「こみせサロン」を開催し、さまざまな活用イメージのシミュレーションや利活用ワークショップを繰り返していった。建築計画には、シャレット・ワークショップの講師の一人でもある高橋潤氏（アルキメディア建築研究所）に最初から加わっていただき、「土の人」と「風の人」の想いを実現させるためのプロジェクトが本格化していくのであった（**写真79～81**）。

サロンでは、 既往のワークショップなどの成果を紹介しつつ、アンケー

写真82、83　市民公開ワークショップの風景

写真84　「風の人」に感謝の言葉を述べる鳴海広道市長（当時）
ここでも駆けつけてくれたシャレットWSメンバー

トやミニワークショップでのさらなる要望を把握し、またWEBを用いて、サロン内で実施中の取り組みの中継、市民発のイベント利用の試行などを、実施した。

こみせサロン『松の湯』と命名したこのサロンは、黒石のまちづくりを広く市民へPRし、これまで関心をもたなかった市民も巻き込みながら、地域の「まち育て」の機運を高めると同時に、多様な市民参加のプロセスを導入して、市民からの具体的な「旧松の湯」再生に関わる要望事項をまとめ、それらを「旧松の湯基本計画」に反映することを期待したものだった。また、将来の「旧松の湯」の運営の一端を担うネットワークづくりを、この活動を通して行うことも併せて展望していった。

冬を迎えて、暖房設備がないため閉じられた「こみせサロン」に代わる形で、専門家ワーキングがスタートし、構造、消防法対応、重伝建地区内にある建物としての制限などを検討し、その後市民を交えた公開ワークショップ（**写真82～84**）を2010（平成22）年11月に実施して、最終的に2011年3月末に、報告書が完成した。

なお次ページに、われわれが最終的に提案した二つの案を提示する。

7.「空間」のデザインでだけでは「場所」は生まれない

基本計画を策定してみたものの、東日本大震災が発生し、事業がやや停滞気味になることを恐れ、われわれは報告書の中に、「場所」にするための体制づくり、そして指定管理を含めたソフト計画の方向性についても、提案することとした（**図10～13**）。

図12は、このプロジェクトが始まった時点での体制であるが、図13は、理想的な運営体制のモデルである。問題は、どのようにまちを「たべる」人の知恵とエネルギーとを集めて、単なる「空間」を「場所」に変えていくか。

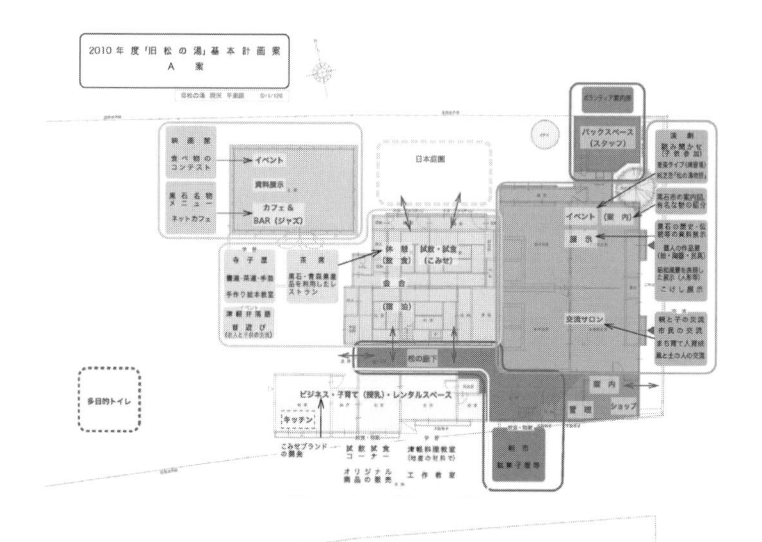

図10　A案（現状をできるだけ保存して再生利用）

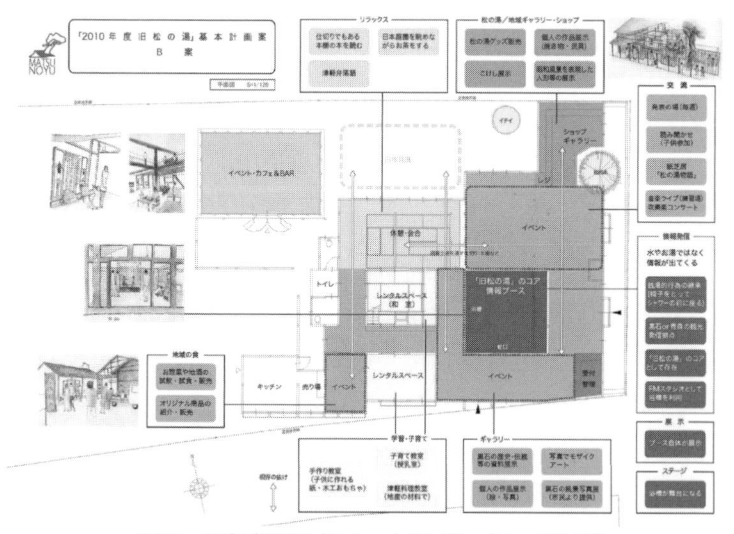

図11　B案（活用しやすいように思い切って変更）

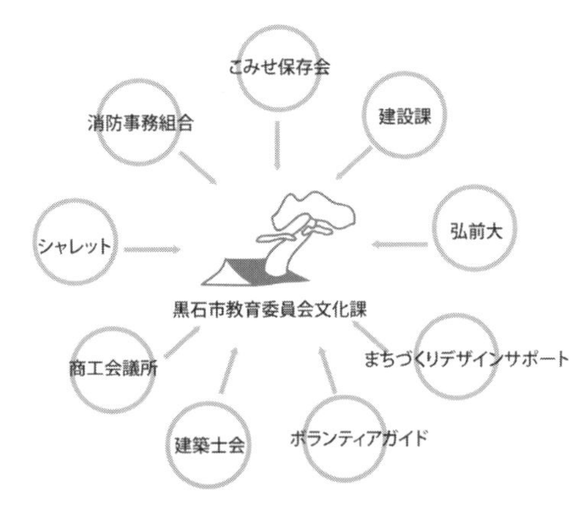

図12　旧松の湯再生プロジェクトの推進体制

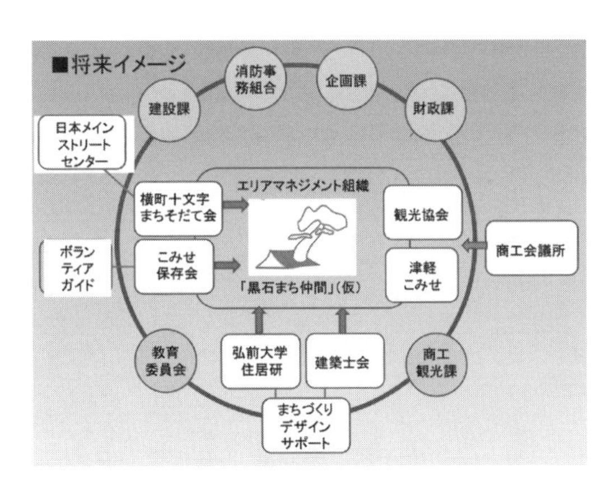

図13　旧松の湯再生後の運営体制の方向性

しかも、それをどのように持続させていくかである。

黒石市は、その方向を目指して着実に歩み始めた。文化財行政で進めてきた旧松の湯再生プロジェクトを、今後の黒石の都市計画に大きな影響を与えるものとして位置づけ、全庁横断的な検討体制を、副市長を中心に設置し、また主たる担当を建設課に変え、建築行政と文化財行政との縦割りの弊害を払拭するための方策に足を踏み出した。その後、建設課は都市建築課と名称を変え、まさに都市計画的視点を意識するスタンスが明確に生まれることとなり、さらに都市建築課内には、「まちそだて推進係」が設置され、将来を見据えた包括的な施策の中心事業として、プロジェクトは実現に向けて動いていった（**図10 ～ 13**）。

そのような環境が整い始めたからこそ、黒石版のメインストリート・プログラムを受講してきた「横町十文字まちそだて会」のメンバーが、力を発揮できるようなストリート・マネージャーに成長して欲しいというのが、私や内藤英治氏（前掲）の夢であった。

そこで、実施設計の期間中に、さまざまな活動グループを集めて利活用ワークショップを展開していく中で、「横町十文字まちそだて会」の会員にも、ファシリテーターとして参画してもらい、旧松の湯を再生した「空間」を、何よりも自分たちの「場所」にしてもらうために、さまざまな議論の場所を経験するとともに、まち歩きツアーを旧松の湯再生とどのように関係させていく

写真85　旧松の湯利活用WSに協力するメンバーたち（右の2人）

写真86　松の湯交流館の完成

かについて、真剣に議論していく環境を設けていった。

かくして2015（平成27）年7月に、松の湯交流館はオープンする。「もつけ」たちが「空間」をTrustしてから25年が経過し、そこから始まったとも言える、まちを「たべる」人々の継続的な取り組みが、一つの形として結実したのであった。しかも、そこには「もつけ」の後継者たちが確実に育っていたのである。

そもそも銭湯というものは、コミュニケーションの場所であった。社会実験としてわれわれが実施した「松の湯サロン」で、旧松の湯を覗きに来てくれた年配の方々からは、松の湯の更衣室の会話自体がまちの情報源であったという思い出話や、封切り映画のポスターは更衣室の壁にいつも貼られていたという興味深い事実が語られたのであった。

学生たちのシャレット・ワークショップの際にも、それが議論となった。銭湯の名残を足湯という形で残したいという市民の意見もあったが、学生たちがこだわったのは、まちの情報が湯水のように溢れてくるという意味合いを、再生された空間に登場させるということであった。

そこで出された提案は、浴室（女湯）をそのまま残し、そこにWi-Fiを飛ばして、インターネット完備の空間にしてはどうかというものであった。私と設計者の高橋潤氏（前掲）は、学生たちをそそのかした。「どうせなら、情報を蛇口から引っ張れるようにしたら」。そこで生まれたスケッチが、そ

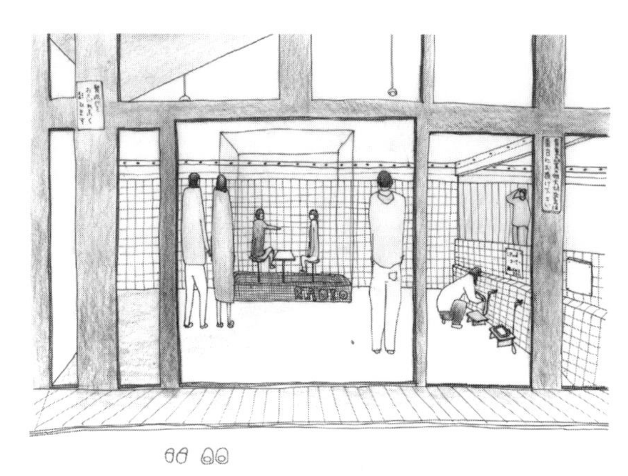

図14　シャレット・ワークショップからの提案

写真87　蛇口からLANケーブルがつながるパソコン

図15、16　学生たちの提案による蔵と「かぐじ」の活用イメージ

のまま現実に登場している（**図14**および**写真87**）。

さらに学生たちの提案の中で、われわれが計画設計段階で注目したのは、重要伝統的建造物として保存対象となっている旧銭湯と母屋部分ではなく、「かぐじ」に面して残されている土蔵であった。市民ワークショップからも、ワインやカクテルの飲めるような「場所」にしたいという声が出され、専門家ワーキングでも、その耐震性とともに消防法に対応するための手法が何度も検討された。そしてそれは、現実にカフェとして整備されることとなったのであった（**図15、16**）。

とはいえ、これだけでは、これまでの旧松の湯と同様で、単なる「空間でしかない。この「空間」に想いを込めて、あるいは出来事をつくって、自分たちの「場所」にしたいと思う人々がいなければ、持続可能な「まち育て」は生まれないのである。

そこで満を持してステージに登場したのが、「横町十文字まちそだて会」であった。松の湯交流館完成後に公募された蔵活用の受託事業に名乗りを上げたのである。他にも飲食関係者等が応募したようであるが、プレゼンが評価され、晴れて2017（平成27）年9月から、この空間は、「十文字カフェ」として動き始めている（**写真88、89**）。

道の駅や地域の物産販売施設では、多くの場合、郷土料理や名産物が用意される。黒石であれば、黒石つゆ焼きそばのような流行のB級グルメに始ま

写真88　十文字カフェの入口とNPOのメンバーたち

り、地域を誇りに思えるさまざまな料理が存在している。

とは言え、それは実際に地域に出かけて食べてもらおう。むしろ松の湯交流館のカフェは、ここでしか食べられないものにしていくべきだという彼らの考え方は、マレーシア出身のLeeさんに、エスニックレストラン風のランチをまかせるという結論に向かわせる。

カフェの営業を受託していた「横町十文字まちそだて会」は、2017（平成29）年春から、ついに松の湯交流館全体の指定管理を委託されることになった。彼らならではの多様な企画を次々と生み出しながら、「空間」を「場所」にするための戦略を打ち出しているのであった（**写真90**）。

彼らのここ3年の活動は、外部からも高い評価を受け、2016（平成28）年5月には、国土交通省から、都市の課題解決に取り組み地域における良好な環境や地域の価値を維持・向上させる先進的な取り組みとして、「まちづくり法人国土交通大臣表彰」において、特別賞を受賞することとなった。ま

写真89　新たな名物ランチが「こみせ」の街に生まれる

た、2017（平成29）年3月には、県内を訪れた観光客に心温まる特徴的なおもてなしを実践している団体を表彰する「おもてなしアワード2016」に他の団体とともに選ばれ、最終的に最高賞である青森県知事賞を受賞するという快挙に至っている。

彼らの活動は、始まったばかりである。しかし彼らはすでに、黒石の街なかに自分たちの「場所」を持つことに成功している。それは所有する「空間」ではなく、利用しながら育てていく「場所」である。貪欲な彼らは、そのような「場所」を黒石の街なかで徐々に増やしていくことを次の目標に据えているはずである。

人口減少下の時代にあって、エネルギッシュで想いの強い、まちを「たべる」人が、意味なく拡大してしまった都市の再編集の場面において、大きな力を発揮するポテンシャルを持っているということが、黒石の彼らの活動とそれを暖かく見ながら育てている行政職員（まちを「つくる」人）との協働的な取り組みから明らかになった。そのような形で、市街地内部の「空間」を地域に必要な「場所」に変えていく、すなわち「まち育て」こそが、コンパクトシティ実現の鍵を握っていると強く確信している。

写真90　指定管理から生まれた松の湯寄席

第 VII 章

コンパクトシティこそが、「まち育て」の目標

1. 都市を縮めることが､「まち育て」なのか

ご存じの通り、今世紀になって、コンパクトシティという言葉が都市計画の世界を席巻し、誰もが、拡大した都市を縮めなければならないというような誤解をしてしまっている状況にある。いくら形態を縮めようとも、それだけでは意味がないはずである。

自分たちの都市の、どこを育てようとしているのか、何を育てたいと思っているのか、だれを育てるつもりなのか。それが明確な都市こそが、コンパクトシティと名乗る資格があるのだと言いたい。

コンパクトシティに関する解釈としては、海道晴信氏の著書[35)]でも明らかになっているように、ECが1990年に提起した「都市環境に関する緑書」に書かれている文脈を理解することが重要だと思われる。

そこでは､自動車依存から日常生活をシフトすることの必要性が論じられ、また、その意味からもいつまでも郊外の緑地を開発していくことの無意味さが説かれている。そして、まさに米国のメインストリート・プログラムの根底にある思想と同様に、歴史的資源を保全していくという考え方が中心に存在している。

保全という言葉は、単純に保存することとは意味が異なる。例えば、フランク・ロイド・ライトが設計に関わった日比谷の帝国ホテルを考えて欲しい。このホテルのオープンは､関東大震災が発生したまさに当日のことであった。しかし、何とか被害を受けずにそのまま建っていたということで、建築家ライトも大喜びだったそうである。

とは言え、現代では、建築基準法や消防法の絡みでそのまま営業するわけにもいかず、結果的に帝国ホテルは新館を日比谷に建てることとなり、建築家ライト由来の旧館は、ご存じのように犬山市の明治村に移築されているのである。

保全とは、保ちつつ全うさせることである。存在を保つという意味での保存とはまったく異なる。海外からライトの建築を見学に訪れる学生たちは、有楽町の駅を降りて帝国ホテルを見に行き、目を疑い、そして叫ぶわけである。「法隆寺や東大寺が現役として建っているのに、なぜ100年も経っていない帝国ホテルが過去の遺物になってしまっているんだ」と。

そのように古いストックを活かすまちづくりをしなければならないというのが、ヨーロッパで生まれた、持続可能なまちづくりの基本的スタンスである。ただ、存在を持続させるという可能性ではなく、持続的に経済発展をさせていくという考え方。それだけを捉えれば、巷で言われているようなまちを縮めていくなどという考え方には直結しないはずなのである。

実際に、ある先生は、コンパクトシティの理念を「縮退都市」と表現した。縮んで退くという表現は、とても総合計画や都市計画マスタープランの字面上で見たくはないものである。国土交通省がときどき使うシュリンキング・シティにしても、シュリンクの本来の意味を調べれば、単なる縮むという意味以上に、縮み上がるとか尻込みする、あるいはひるむといった、あまりいい意味はないということを知っているのだろうか。

ある県庁は、スマート・シュリンク（賢い縮退）と表現している。賢く縮み上がるという表現は、あまりにも滑稽である。じつは、このスマートという言葉が以前に使われたのは米国の都市計画であり、それは、スマート・グロースであった。賢く成長していくという意味である。スマートに大きくなっていくという表現であるからこそ、そこに大きな意味があるはずである。

何しろ、平成の合併の時代を経て、今さら形を縮めることなど、可能性はゼロに近いからである。もっとリアルな言葉で、日本はコンパクトシティを表現しなければならないのではないか。じつはこれまでの章でずっと述べてきた「まち育て」の方向こそ、本当の意味でのコンパクトシティであるということを最終章で述べて、ペンを置きたいのである。

したがって、コンパクトシティの本質は、マネジメントにあると言いたい。まちを上手に使いながら育てていくという考え方である。マネジメントというと、合理化したり節約しながらやりくりするといったイメージが強いかも入れない。しかし本来のマネジメントは、上手に使って育てていく、であるから「まち育て」なのである。

高校野球の女子マネージャー、有名タレントのマネージャー。どちらも管理するというよりは、それぞれの成功を夢見て、育てていく人ではないか。そういう意味で、最もマネージャーという表現が相応しいのは、親だと思う。子の成長を願い、一喜一憂しながら何の苦労も感じないままに、子どもを育て続ける。

それと同じように、われわれはまちを育てられるのだろうか。

2. コンパクト&ネットワーク

形がコンパクトな都市という意味ではないことは明らかである。むしろ、自動車に過度に依存しないようなライフスタイルを実践することが、われわれにできるかどうかが基本であるように思える。その変化のないままに、都市を「縮める」施策を進めていっても、おそらく街なかの「空間」は「場所」に変化していかない。

言い換えれば、郊外や農村部を切り捨てる意味ではまったくないということである。2013（平成25）年に各地で本格的に始まった立地適正化計画は、そんな不安がまともにクローズアップされてしまいかねないほどに行政担当者は誤解してしまっている。賢くない成長をしてしまった自分たちの都市は、立地適正化計画の対象に選びにくいと諦めざるを得なくなってしまう。

そもそも、国土交通省が提起したグランドデザイン2050では、コンパクトシティ形成の意義として、一つは、質の高いサービスを効率的に提供することを掲げている。その理由として、人口減少下において、各種サービスを効率的に提供するためには、集約化することが不可欠であるとしている。

しかし、一方で、コンパクト化だけでは、圏域・マーケットが縮小してしまって、より高次の都市機能によるサービスが成立するために必要な人口規模を確保できないおそれがあることも指摘している。であるからこそ、ネットワークが必要になってくる。そしてネットワーク化により、各種の都市機能に応じた圏域人口を確保することが不可欠であるということから、従来の概念を一歩拡大した、コンパクト&ネットワークという表現が登場したのであった。

このネットワーク論は、これまでの考え方の延長で大丈夫なのだろうか。上記の文章中にも使われているように、これまでの都市計画で使われてきた評価軸に、「効率」という言葉がある。サービスの「効率」を低下させたくないから集約化する。そこに、ネットワーク網をかぶせて、全体的な「効率」をあげていく。

この考え方は、65頁の二つの写真（**写真20と21**）で示した、大人の鳥瞰的視点と子どもの歩行者としての目線との違いをもう一度思い出させてくれるのではないか。

どうつなげるかという物語ではなく、どういう物語がそこで生まれていくかを大事にすることが、コンパクト&ネットワークの真の意味であると考えたい。なぜなら、まちを「つくる」人のためのネットワークではなく、まちを「たべる」人が育てていくネットワークなのである。

また国交省の文章では、コンパクト&ネットワークにより、人・モノ・情報の高密度な交流が実現することとなり、それがイノベーションを創出し、それが結果として地域の歴史や文化などを継承することにつながり、さらにそれを発展させていくことが重要になるとしている。つまりネットワーク化自体が目的ではなく、そこからどのような価値を育てていくことができるかという期待である。

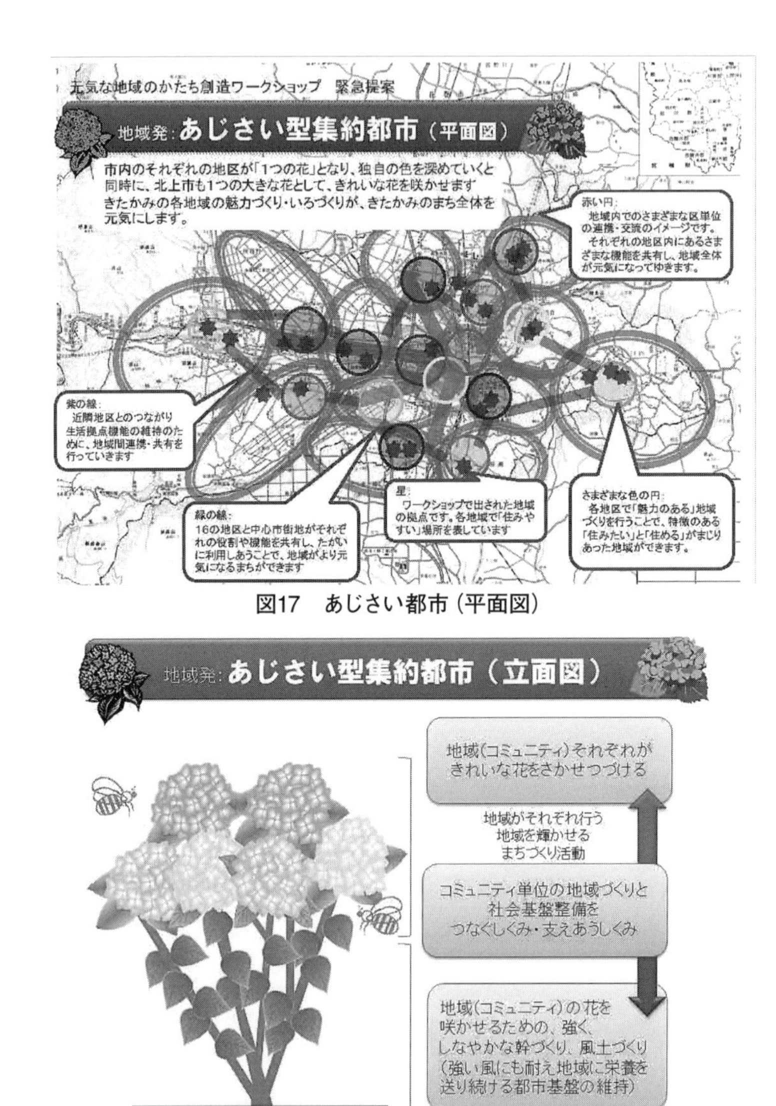

図17　あじさい都市（平面図）

図18　あじさい都市（立面図）

それは、成長の時代における人口規模や都市の拡大のための開発に対する、まるで錬金術に対するような期待とは異なり、地方都市を形成している農業環境や豊かな自然環境を保全しながら（つまり使っていく必要がある）、ストックを活用し、さらに新たな価値を生み出しながら、市街地の「空間」を次々に「場所」に変えていくという覚悟を込めた期待である。

立地適正化計画は、まさにそのために必要な作業であり、単純に縮めるスタンスとは似ても似つかぬものではないだろうか。

ところで、岩手県北上市は、私も縁があって10年以上都市計画に関わらせていただいており、都市計画マスタープラン策定や立地適正化計画に携わっているが、北上市長の高橋敏彦氏と就任前から議論してきた成果として、あじさい都市という概念を市民に提起している（**図17、18**）。

北上市のシンポジウムで、この考え方が提起されたとき、それまでのコンパクトシティの議論に比べると、おおむね市民の反応はよいものであった。

しかし、最後に一人の男性から質問がきた。外の集落部分も大事だというのはわかる。だからあじさいのイメージも理解できる。でも、中心市街地は他の集落と同じ花びらでいいのか、という趣旨だった。後で聞いたことだが、彼は中心商店街の店主であった。

とっさに私は、「いえ、中心市街地は、茎でありそして根なんです。それがしっかりしないと花びらが咲かないんです」と答えた。その男性も溜飲（りゅういん）を下げたような表情で、静かに腰を下ろした。

歩行者としての女の子の目線からのコンパクト&ネットワークは、本来この北上市のような考え方で提示されなければならないはずである。中心につながっている、というよりもぶら下がっているネットワーク形成では、それぞれの花びらが自律的に咲き誇ることはできない。したがって北上市の総合計画では、16個の花びらごとに自治振興協議会を設置し、そこで地域計画を策定していくという方式をとっている。

自らの地域の将来を、自らで決めていくというものである。そのような自律的な花びらであるからこそ、ネットワーク化が意味を持ってくる。

中心からの恩恵を期待する、いわゆる中心への依存的な考え方は、第Ⅰ章で述べたように、地方の持つ「固有時」を喪失していくことにもなりかねない。コンパクトシティ論は、その都市固有のアイデンティティを強化することと矛盾してはいけないものである。

北上市は、それを強く意識しながら、自治基本条例をいち早く整備し、花びらを単位とした「まち育て」を進めてきている。われわれはその成果を、ある花びらに誕生した新たな公共交通の姿に求めることができる。

3. Co交通が「場所」を存続させる

北上市の北東部分で、いまのところ都市計画区域にも入っていない人口1,600人程度の一つの花びらの話をしてみたい。そこは口内地域と呼ばれる中山間地域である。**写真91**からもわかるように、公共交通であるバスの運行は風前の灯火状態であった。そこに、バス会社から、運行縮小の話が突如

写真91　交通空白地のバス停の現実（村上早紀子氏提供）

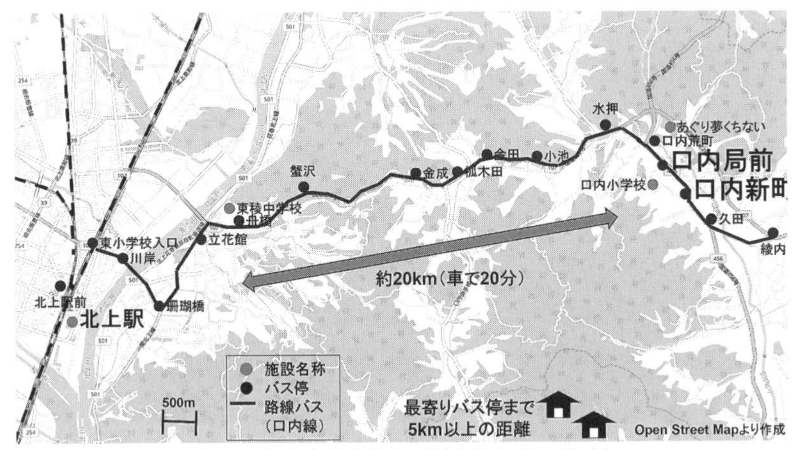

図19　公共交通の実態（村上早紀子氏作成）

やってくることとなる。

北上市は、地域公共交通会議を早期に組織化し、地域が自分たちで選択する交通サービスの手法を検討することとしたのであった。そこで最終的に選択された手法は、地域住民がNPO法人を結成し、そこが主体となって過疎地有償運送と福祉有償運送に手を出すこととし、何とかバス停まで住民を送り迎えすることで、バスの利用を促進し、運行縮小の話を食い止めるというものであった。

会員からは年間1,000円を会費として徴収し、実際に利用する際は運賃は100円とする。「NPO法人くちない」は、これだけでは採算が取れないこともあり、定款上は、高齢者の福祉向上を図る事業、まちの活性化を図る事業、次世代に地域の魅力を伝える事業、都市部と農村部の交流を図る事業、地域の魅力の保全・開発を図る事業、特産品開発および販売、里山保全などの森林管理委託業務、そして旅客運行に係る業務を実施していく団体となっている。

そもそもバス停まで、自宅から歩いて1時間以上もかかるような地域に住んでいる人々を、なんとかバス停まで送り迎えすることができれば、あじさ

写真92　店っこくちない

写真93　オーダーメイドの品揃え

いの花びらの色はくすまず、存続させることができる（**図19**）。

しかも、ここでは、バス停の隣にあった農協の廃屋を、「店っこくちない」という食料品を中心としたストアとして再生させることに成功している。バスを待つために寒い中を立ってなければならなかった地域住民は、このストアの中で、しかも職員と話をしながら暖かくバスを待つことができるようになったのである。まちに新しい「場所」ができ、集落そのものが「場所」として存続していくための手法としても評価できる。

地域に「店っこくちない」のような「場所」ができると、本来はバスを待つための空間であるにもかかわらず、バスには乗らず、有償運送を使いながら、NPOの職員と会話を楽しむために、定期的に訪れる高齢者さえも出てきているという（**写真92、93**）。

コンパクトシティにおける周辺地域の位置づけは、けっして政策外ということではなく、「場所」を存続するための地域の工夫、そして「空間」を「場所」に変える建物の再生など、多様な方法を用いながら、他地域とのネットワークを再構築していくことに尽きる。

これまで述べてきた、中心市街地の「空間」の再編集とは異なるもものの、集落の存亡をかけた重要な取り組みとして進めていく覚悟が必要であるという意味では、同じである。

4．持続可能なまち育てを目指して

これまで述べてきたように、まちをつくる時代（成長社会）から、まちを育てる時代（成熟社会）にシフトしてきている現代にあって、今こそ次のような発想の転換が必要になってくるのではないか。

① ○○を集約する　→　○○をつなげる

集約という言葉は、ややもすると、地方都市においては周縁部の切り捨てと捉えられがちである。しかし、コンパクト&ネットワークの本来の意味を考慮すれば、つなげることをメイン・コンセプトにして、拡大しないまちづくりの発想が必要になることは、明らかである。

特に日本では、集約という言葉を意識しすぎているということを4年前の日独シンポジウム[36]で、ドイツから出席のパネリストから異口同音に指摘されたことである。第一次産業を大事にしているドイツだからこそ、コンパクト&ネットワークの真意を十分に理解されている発言であると思う。

世界の五大コンパクトシティにOECDから選ばれた富山市であっても、けっして集約政策を評価されているわけではないはずである。

写真94　富山ライトレール

写真95　2駅の距離をまち歩きさせる!?

写真96　バナーフラッグとハンギングバスケット（富山市HPより）

また、新たな時代の公共交通機関として期待されるLRTを、いち早く導入したからというわけでもないはずである。例えば、富山駅から市北部の岩瀬方面につながる富山ライトレールは、自転車を意識した駐輪場を駅ごとに整備し、散策路もかなり整備されている（**写真94、95**）。

また、一方で路面電車の走る駅の南側では、街路灯にバナーフラッグやハンギングバスケットが設置されて、歩行者のための街路景観の整備が重視されている。施設を集約することよりも、LRTやトラムを活かすための「レールライフ」が提案されているのである（**写真96**）。

② ○○をたたむ　→　○○を活用する

現在進行形の都市計画のまっただ中にいるわれわれは、拡大戦略の落とし子として周縁部の住民にレッテルを貼るわけにはいかないのである。われわれの先輩たちの政策の誤りのせいにするのではなく、その状況でどのように生活していくのかを、いまある資源をいかにこれからの生活に活用していくのかを、地域の人々と真剣に考えていかなければならない。それこそが、後に述べるFM（ファシリティ・マネジメント）の考え方そのものではないのか。

③ ○○をつくる　→　○○を育てる

これは、これまで何度も述べてきたことである。まちを「つくる」人々の知恵と経済の力業で拡大を続けてきた時代が終焉を迎え、まちを「たべる」人々の想いと活き活きとした活動で新たな可能性を期待していく時代が到来している現在、持続可能や現状維持という消極的な表現ではなく、ポテンシャルを活かしていく意味での再編集としての「まち育て」が、必要となっているのである。「フローからストックへ」という表現は、言い尽くされた表現ではあるが、「育てる」という言葉の意味をそれに付け加えれば、むしろ、ストックを新たな時代のフローに変換させるという意味こそが、ストックの再編集の目的になっていかねばならないのである。

④ ○○に行く　→　○○にいる

まちを大きくする時代にその根底にあったものは、自動車交通であった。車で何分で行けるという基準が、地価にまで影響を与える時代であった。商業施設などを設置する場合には、どのようなものをどのようなサービスで売っていくかということ以上に、駐車場をどのような規模で設置できるかが中心になってしまっていた。いったん施設内に入ってもらえば、手を替え品を替え、さまざまなお金を使ってもらえる機会を、多様に供給していった。その戦略が逆に需要を喚起し、貪欲にわれわれはチャンスを使いまくるのだった。

人口減少社会となって、郊外ショッピングセンターの売り上げ自体は、1990年代後半がピークであったことが明らかになった現在、 時間を費やしてもらうことを収益につなげる考え方が、再び浮上してきている（**写真**

写真97　歩かせるアーケード街（高松市丸亀町）

97）。

旭川の買い物公園に始まり、横浜や仙台に代表されるショッピング・モールあるいは熊本や高松のアーケード街は、居心地のよい「空間」を歩くという行為の延長上に購買行動を期待して、全国に登場していった。しかし、より多い売り上げを求める商業者たちは、歩き回ってもらう時間すらもったいないという考え方のもと、大規模駐車場を具備した大型複合再開発ビルを街なかに開発し、それがいまや廃墟、あるいは中心市街地のお荷物になってしまっているのである。車で行くことを前提にするから、究極的には地価の低い郊外に立地させることが正当になってしまい、それに対して何の疑問も持たない状況に陥ってしまう。

しかし、歩いて行くことを前提として「まち育て」を考えていく場合には、目的地に着いて、そんなすぐには「空間」から出て行かない人々を想定するべきなのである。そこで何らかの目的で時間を使うために滞在する時間が欲しい人々を、「まち育て」の対象にするべきなのである。

つまり、「そこに行く」という行為よりも、「そこにいる」という行為の意義が大きい「まち育て」の時代に、明らかに突入していると言えよう。であるからこそ、行く目的となる「空間」ではなく、居ることのできる「場所」が必要となってくる。

5.「まち育て」は居場所を考える究極のFM

しかし、上に述べたような発想の転換のないままに、コンパクト&ネットワークに向かおうとしている、ちょっと勘違いをした自治体が数多く存在している。

例えば、かつて人口増加期に新設したコミュニティ施設を、人口が減少してきているということだけで、単純に廃止してしまおうとしている自治体。立地適正化計画というのは、それを明確にさせるために策定する計画だと独り合点している自治体。とにかく、交通の便のいいところに施設を集約していくというのが、コンパクト&ネットワークだと信じ切っている自治体。そういう残念な自治体が驚くほど存在しているのである。

そこに拍車をかけるように、各自治体には、FM（ファシリティ・マネジメント）を担当する部局が設置され始めてきている。本来FMとは、不動産（土地、建物、構築物、設備など）すべてを、経営にとって最適な状態にマネジメントすることを指す。言い換えると、それらを保有し、運営し、維持するための総合的な管理手法であり、保有・管理するすべての施設を対象として、うまく使っていくために必要なあらゆるマネジメントをする。であるから、最初から単純に廃止の発想ありきではないのである。

むしろ、「まち育て」同様に、「育てる」発想がしっかりと備わっていて初めて、意味のある言葉ではないだろうか。

第Ⅰ章で述べたように、成長の時代は、拡がった「空間」を自分の「場所」にしようとする人々の欲求に溢れていたのであった。その欲求をコントロールしなければ、歯止めがきかなくなると考えた政府は、区域区分、すなわち市街化区域と市街化調整区域とに分ける「線引き」の制度を打ち出した。

もっと拡げられるはずなのにという恨み節をつぶやきながら、いくつかの地方都市は「線引き」を導入するものの、その他の都市は確信的に、「この制度はうちには関係ない」と判断するだけだったのである。それらの都市は未線引き都市と称されたが、人口減少下の現代にあっては、もはや未線引きではなく、非線引き都市という名称に変わってきてしまっている。

そして、成熟の時代を目指す現在、国土交通省が新たに出した立地適正化計画のことを、「第2の線引き」と表現する人々がいる。この考え方に、先に述べたFMのやや誤った解釈が結びつくと、地方都市にとっては、やっかいな考え方に行き着いてしまうのである。

無駄に大きくなってしまった都市の郊外部の機能を客観的にFMで精査して、住むべきエリアと都市機能を集中すべきエリアを都市内部で限定していくことが、コンパクト&ネットワークを忠実に表現する立地適正化計画だとする解釈である。

しかし、もう少し冷静に考えると、それとは異なるはずではないか。最初に「線引き」が登場した時代は、開発の欲求が全国各地で渦巻き、それに対して、「開発していいのは、ここまでですよ」と制限をすること自体が「線引き」の大きな目的であった。しかし、人口が減少していく現代に、同じ論理で「線引き」が存在していいはずがない。

敢えて私は言いたい。かつて開発をし続けた住宅地に空き家が顕在化してきているエリア、人口減少を理由にバスの運行が縮減されてしまうような交通空白地。そのような地域を、「居住誘導地域に選べる状況にないから、計画から外すしかない」などと言って、立地適正化計画を理由に、老朽化した公共施設の廃止を決めてしまっているような自治体があるのではないか。

私の友人でもある饗庭伸氏の『都市をたたむ』[37]という著書のタイトルだけを中途半端に理解して、単なる集約都市をつくることに没頭している自治体はないだろうか。

本当は、将来の持続可能な発展をじっくりと考えたビジョンをつくらなければならないのにもかかわらず、「できれば、もう○○したくない」という気持ちから立地適正化計画に着手してしまうと、成熟の時代の都市計画など夢のまた夢である。そういう地域に対して、「本当は○○すべきではないのですか？」、「もう一度、編集し直してみませんか？」と問い直す機会こそ、立地適正化計画の策定なのである。

にもかかわらず、都市機能誘導区域はどこにしようとか、居住誘導区域に選べるのはどこだろう、などと区域の選択に四苦八苦している自治体に、敢えて声を掛けるとすれば、「どこを○○区域に設定するか」ではなくて、「この地域を○○区域と考えていって大丈夫か」、あるいは「ここを○○地域と宣言する覚悟はあるか」なのであると思う。その覚悟のある都市こそ、真のコンパクトシティではないかと考える。

すなわち、「空間」を「場所」として復活させる覚悟があるかどうかということである。冒頭で述べたリンゴの中にできてしまった鬆(す)を、もう一度熟した実にしていく覚悟が生まれていくかということに尽きるような気がする。

私の居住する弘前市は、城下町として戦災も受けず、市街化区域の拡大もそれほどなくコンパクトシティとして存在してきている。であるからこそ、立地適正化計画においても、われわれはまだ市街地に「場所」を持っているという自負のもとに、どこでも居住できるということの裏返しとして、居住禁止区域を最初に定めて、それ以外は居住可能と言ってもいいのではないかという議論を、担当職員と冗談交じりに話していた時期もあった。

しかし、その中でも、空き家や空き店舗の問題等が顕在化してきており、公共交通の再配置を含めて、その問題に真正面から対応できる地域を、居住誘導区域として指定することにしたのであった。

同じ青森県内のむつ市は、そもそも「線引き」をしていない都市である。成長の時代のノリで、白地にさまざまな用途が貼り付いてきてしまっている。そこで結果的に形成されてきた住宅地が、今後もむつ市の将来ビジョンの中で育てていくべき地域なのか、あるいは、本来のあるべき姿ではないのかを、立地適正化計画策定の際にあらためて議論したい。それが宮下真一郎市長の考え方であった[38)]。

「あじさい都市」である北上市は、周辺部に存在する「花びら」の将来ビジョンを所持しているからこそ、あえて居住誘導区域という言葉を使わずに、「まちなか居住区域」と「田園居住区域」とに分けて、「花びら」に「場所」を確保するスタンスを、立地適正化計画の中で明確にしている。

すなわち、三都市とも、自らの都市のマスタープランのために、言い換えれば、都市の中の「空間」を再び「場所」として編集していくために、立地適正化計画とそれに付随するはずの支援策を活かしきろうとしているのである。

立地適正化の時代のコンパクトシティ政策とは、まさに創造的編集のためのFMそのものではないだろうか。

賢くない（スマートではない）成長を続けてきてしまった各自治体が、成長の時代から成熟の時代にシフトしていく中で、どのような考え方で、自分たちの地域の将来像を描いていくか。それを、先延ばしにできない時期になってしまったということである。

そして、誰かに適正な区域だと判断してもらうのではなく、この区域で地域の人々が生活していくことを、自信を持って正しいと言える都市計画、それこそが適正化なのではないか。現状で各自治体が策定している立地適正化計画は、単に適正立地選択計画でしかないのである。

そして一方で、現実の課題を正確に市民に伝えたうえで、それでも、その地域に住み続けたいと考える市民と一緒に編集を進めていく覚悟のときが、いま目の前に登場しているということである。

私はこの本の中で、成長から成熟の時代へのシフトを眼前にしながら、その中で、まちを「たべる」人の思考による、あるいはまちを歩く小学生の女の子の目線で進めていく「まち育て」の必要性を論じてきた。

また、そのためには、まちの中に自分の「場所」が欲しいと考える人々、それはけっして「空間」を所有するというのではなく、ずっと居たい「場所」のある人々を育てていくようなプロセスが必要であるとして、米国のメインストリート・プログラムを紹介して、どちらかと言えば失敗というイメージの強いタウン・マネジメントではなく、ストリート・マネジメントの有効性を述べてきたのであった。

そしてそれは、米国を模倣するというのではなく、わが国でも十分実践されてきた活動につながるということを、津軽の黒石市の継続した実践の中に見い出してきたのであった。

「だってここ、私たちの場所だもん」。

この言葉を、青森市内の真夏の公園で女子児童の口から聞くことのできた経験が、この本を執筆するモチベーションになっているといっても過言ではない。「場所」という語の持つ意味を、われわれが居住する地方都市は、真剣に問い直す必要がある。コンパクト&ネットワークは、そこで議論されるべきテーマであるというのが、本書のひとつの結論でもある。「場所」の再構築こそが、言い換えれば真の「立地適正化」につながるということを提起して、結びとしたい。

おわりに

2016（平成28）年の春、まさに青天の霹靂（へきれき）ともいうべき電話をいただいた。東京の一般財団法人 住総研からだった。これまで、共同研究の一員として住総研からの研究助成をいただいたことが何度かあった。住総研主催のシンポジウムで基調講演をさせていただいたこともあったし、住教育・まち学習に関する研究会にも学生ともども論文を出したこともあった。

今度はどんなイベントのご案内だろうと電話口で次の言葉を待っているとき、「清水康雄賞というのをご存じですか」という先方からの質問。不覚にも、その賞の存在は存じ上げていなかった。清水建設との関係性はもちろん知っていたので、清水という姓には思い当たったが、後はまったくわからずに、「申し訳ありません、わかりません」と答えている自分がいた。

「このたび第5回清水康雄賞の選定がございまして……」、「あ、審査委員のご協力ですね」と早とちりして先回りの質問をしたのだったが、帰ってきた答えは思いもよらぬものであった。

「いえ、そうではなく、北原先生が最終選考に残っているというお知らせでして」。「………」。

かくして、2016年11月2日に新橋の第一ホテルで、栄えある第5回住総研清水康雄賞の授賞式に家族ともども参列させていただき、記念講演の時間までいただいたのであった。そこには、この20年間、一緒に「まち育て」を模索してきた、山田仁氏（弘前市元職員）と太田淳也氏（黒石市職員）も津軽から招待していただいた。

本当に幸せな時間であった。これまで学会やまちづくりの現場で、さまざまに勉強させていただいてきた諸先輩や研究仲間たちの前で、講演をさせていただき、その後の祝賀会にも大勢の方々にご出席いただき、ありがたいことに祝辞まで頂戴した。

東北大学の助手時代からお付き合いさせていただいており、この賞の審査委員でもある佐藤滋氏（早稲田大学）、私に「一語の事典　公私」を紹介してくださった林泰義氏（玉川まちづくりハウス）、そして、ワークショップの現場をいつも学ばせてきていただき、豊富なボキャブラリーから紡ぎ出される活き活きとした言葉に何度も触発されてきた延藤安弘氏（まちの縁側育くみ隊）。本当に恐縮するばかりであった。

延藤先生は、いつものように、頭韻要約法で、私に対してお祝いの言葉をお話ししてくださったが、ホワイトボードがなく、本来の延藤ワールドを実現できなかったということで、その日の深夜に、Facebook上に、コメント全体をアップしていただいたのだった。感激だった。自ら載せるのはやや面はゆい感じではあるが、先生がアップされた文章をそのまま以下に示したい。

実践研究のエネルギーと他者への相互敬愛の人間的配慮に浸（ひた）された北原流まち育ての方法的キーワードは、つぎの5つ。

1. 開かれたヒト・モノ・コトの関係づくりとしての場所の育み
2. トコトン住民を主人公に育み、専門家は励まし意味付ける
3. 想像力の翼を広げる子どもの目線に学び、地域でともに味わう物語づくり
4. ダイナミックな「私」と「公」の間を多様に育み、所有ではなく利用を重視
5. 手強いトラブルをエネルギーに変える、「つくる人」と「たべる人」の創造的ケンカ、ケンカをドラマに変える

この5つの文章の文頭の文字を全部並べると、「ひとそだて」になっていた。祝辞を口頭でお話しいただいたときには、気づいていたのは一部の参加者だけだったかもしれないが、このように文章にしていただくと、まさに延藤ワー

ルドの中で、一つひとつの文字が迫ってきた。

そして、このたび、清水康雄賞の受賞を機に、住総研から本の出版の機会を与えていただくことになった。本当にありがたいお話であった。「まち育てはエンドレス」という言葉を口実に、次々に現場を見つけては動き続けている人間として、なかなか本にまとめる時間を持てない自分であったが、ここで考えや実践をまとめるチャンスをいただけたことは、これからの研究活動にとっても貴重な経験にさせていただいたと、つくづく思う私である。

その本のカバーにお言葉をいただきたいと考えていた延藤安弘先生が、突然、今年の2月8日にお亡くなりになられた。あまりの急な話に、言葉を失った。生きていらっしゃるうちに、この本を読んでいただきたかった。ご冥福を心からお祈りします。

よく、「まちづくりは人づくり」という表現を使う人がいる。都市計画を学んできた自分は、「そんな単純なものじゃないでしょう」と内心では常々口をとがらせている。私の使う「まち育て」は、つくる時代から育てる時代に、フローの時代からストックの時代に、DevelopmentからManagementの時代に移ってきているということを表現するためにつくった言葉である。

しかし、そこでそれを楽しく実践する、言い換えれば、都市の中の「空間」を自分の「場所」にしたいと考えるような、まちを「たべる」人をていねいに育てていくことがとても重要になるということを、ここにきて、理解できるようになった気がする。

その意味で、23年前に東北大学工学部から異動してお世話になってきている弘前大学教育学部、そして、北は旭川、帯広から、南は高松、杵築まで、貴重な時間を私や教え子たちと共有して下さった、各地域の「まち育て人」に、これを機に、あらためてお礼の言葉を述べたい。

また研究室を支えてくれてきた教え子たちには、本当に助けられたという思いでいっぱいである。仙台から弘前に異動して心細い毎日が続く中で、最初にドアをノックしてくれた白戸陽子さん（彼女は黒石出身だった）、歓迎会に招待してくれた海老名千春さん（今でも高校教師の立場で一緒に仕事をさせていただく機会がある）、そして初の大学院生として景観学習を引っ張ってくれた馬場たまきさん（気になる警官！）。「北原研の3人娘」と弘前市都市計画課の皆さんから羨ましがられた第一期生のパッションが、その後20年以上の研究室の活動の出発点であった。彼らと同期で他の研究室から院生として移ってきて以来、20年間ずっとワークショップの現場でつきあってくれている中田憲飛人君。この4人によって、私の弘前からの「まち育て」が始まった。

それからのさまざまな教え子たちとの経験が、本書には凝縮されている。最近の教え子である村上早紀子さん（あじさい都市が育ててくれた）には、彼女が博士論文をまとめるにあたって作成した図表まで使わせていただいた。160人に及ぶ弘前での個性あふれる愛すべき教え子たちに、本当に、心から感謝したい。

そして、「まち育ての前に子育ては？」、「第3の場所の前に、自宅に場所があるの？」などといった鋭い質問で、時おり私をシュリンクさせながら、未知の津軽に子どもと一緒に楽しくついてきてくれた妻潤子と2人の子どもたちに、心から感謝する。

最後に、ややもすると実践の継続を理由に原稿の執筆が遅れてしまう私を、やさしく叱咤激励して下さり続けた道江紳一氏（住総研）と写真や図版がふんだんにある面倒くさい原稿を、ていねいに編集していただいた永島憲一郎氏（萌文社）に、心から感謝して、筆を置きたい。

2018年2月

註 記

1) エベネザー・ハワードによって1898年に出版された『明日—真の改革にいたる平和な道』(TO-MORROW : A Peaceful Path to Real Reform) は、「都市と農村の結婚」を目指した都市論であったことが知られており、その後1902年にわずかに改訂される形で「明日の田園都市」(Garden Cities of Tomorrow)が出版されている。

2) 報告書には、わが国の住宅の狭さを強調する形で、「日本は西欧人から見ると、うさぎ小屋とあまり変わらない家に住む労働中毒者の国」と表現されている。

3) エドワード・レルフは、1944年生まれのカナダの地理学者であり、トロント大学に提出された博士論文は、『場所の現象学—没場所性を越えて』(筑摩書房、1991年) にまとめられている。そこでは、全国各地で見られる郊外のロードサイドショップの景観の同一性を没場所性という概念で、鋭く解説されている。

4) 東京オリンピックがアジアで初めて開催された1964年から半世紀にわたり朝日新聞社により刊行されたデータ集であり、2015年度版をもって刊行を終了している。

5) 小林重敬氏(横浜国立大学名誉教授)の著書『都市計画はどう変わるか—マーケットとコミュニティの葛藤を超えて』(学芸出版社、2008年) の第1章「都市計画システムの転換」より引用

6) 美術家 (1933-2003)、岩手県盛岡市出身。岩手大学学芸学部卒業、弘前大学名誉教授。1953年二科展に初入選、60年代に入り発表した注射針をキャンバスに散りばめたアッサンブラージュが認められ、東北を拠点に前衛美術家として活躍。また詩人、橡木弘として、5冊の詩集を上梓。著書に、『色彩の磁場—北奥・思いあたる風景』(NOVA出版、1988年)、『萬鐵五郎を辿って』(創風社、1997年)、『浮遊して北に澄む』(創風社、2001年) ほか

7) ドイツで生み出された住民参加手法の一つであり、無作為に抽出された市民に自治体から参加を要請し、少人数のグループで討議し特定のテーマに対して提言を行うもの。意見の代表制や中立性から従来の住民参加手法に比べて優れていると言われている。

8) 都市社会学者 (1932-2014)。東洋大学文学部卒業、立教大学、中央大学教授などを歴任。『都市コミュニティの理論』(東京大学出版会、1982年) で1986年に日本都市学会奥井復太郎賞を受賞。著書はほかに、『大都市の再生－都市社会学の現代的視点』(有斐閣、1985年)、『都市型社会のコミュニティ』(勁草書房、1993年)、『都市社会学の眼』(ハーベスト社、2000年)。

9）もともとは複雑系という概念の中で説明されるものであり、構成要素一つひとつの性質の総和では説明がつかない特性が全体として現れる現象。宇宙の誕生（ビッグバン）はその一つの代表例であるが、ワークショップなどの住民参加の本来の姿は、予定調和的なものではなく創発的なものでなければならないという意識が、われわれにはある。

10）Public-Private- Partnership、日本では公民連携と訳されることが多い。民間事業者の資金やノウハウを活用して社会資本を整備し、公共サービスの充実を図る手法の総称であり、PFI（Private Finace Initiative）や指定管理者制度などもその一つであるが、わが国では公共財政の悪化を補完する切り札のような、本来の意味とは異なる捉えられ方が横行しており、サービスの充実に至らないものが存在していることは否めない。

11）人口38,000人ほどの岩手県紫波郡紫波町は、塩漬け状態に陥っていた町有地（10.7ha）を、図書館、産直マルシェ、飲食店などからなるオガールプラザ、サッカー練習場（バイエルンミュンヘンの人工芝を使用）、そしてバレーボール専用コート、ホテル、飲食店、コンビニなどの入るオガールベース、保育園、店舗、エネルギー施設の入るオガールセンター、また、敷地内にはPFIによる新庁舎と、この数年の間に、民間資金によって次々に「空間」を「場所」に転換してきている。また隣接して環境共生型の住宅地を造成しており、まさにあずましい（気持ちよい）居住モデルを、PPPにより実現させている先駆的な事例である。筆者の研究室に院生として所属していた高橋望さん(旧姓佐々木)は、2009年に中退して「オガール娘」としてプロジェクトに関わり、筆者もオガールベースの事業者選定プロポーザル審査委員長をさせていただき、昨夏には、憧れの人工芝を走らせていただいている。

12）ジャン＝フランソワ・リオタール（1924-1998）は著書『ポストモダンの条件』（1978年）の中で、「大きな物語」に依拠していた時代をモダン、それに対する不信感が蔓延した時代を「ポストモダン」と呼び、そこから、ポストモダンを「大きな物語の終焉」（グランレシ）と表現する風潮が生まれたのだった。

13）地井昭夫（1940-2006）は、早稲田大学理工学部建築学科在学中に、建築家吉阪隆正（1917-1980）に師事。大学院在学中に伊豆大島の元町復興計画を手がける。1969年より広島工業大学工学部建築学科に異動するが、1982年からは金沢大学、広島大学と教育学部での研究教育活動を展開。1994年に同じように工学畑から弘前大学教育学部に異動した筆者にとって、目指すべきモデルのような先達であった。

14）今和次郎（1999-1973）は、東京美術大学卒業後、早稲田大学理工学部建築学科で長く教壇に立つ。1927年より考現学（モデルノロヂオ）を提唱し、それが生活学や藤森照信氏や赤瀬川源平氏で有名な路上観察学につながっている。筆者は、その藤森氏の出身である東北大学建築史・意匠講座の後輩であり、なおかつ学生時代に大きな影響を受けた佐々木嘉彦（1919-1995）が早稲田大学在学中に吉坂隆正とともに師事した方こそ、今和次郎である。弘前出身でもあるということで、ずっとその著作を追いかけてきた存在であった。

15）1998（平成10）年7月に出された文部科学省教育課程審議会答申において、総合的な学習の時間の創設の提言がなされ、それが2002（平成14）年4月からの本格実施へとつながっていった。

16）英国では、1980年代から、コミュニティ・アーキテクチュアと称される建築運動が盛んになっていくこととなり、それを初めて紹介した本にニック・ウエイツほか著『コミュニティ・アーキテクチュア：居住環境の静かな革命』（塩崎賢明訳、都市文化社、1992年）がある。NAW（New Castle Architectural Workshop）はその中で有名なニューキャッスルの活動グループである。

17）筆者は、2008年4月に再開発コーディネーター協会に設置されたメインストリート・プログラム委員会のメンバーとして、ワシントン特別市のNMSCへのヒアリング、Dupont Circle地区とAdams Morgan地区の視察を実施し、翌年11月に再度NMSCの訪問を行い、それに基づく知見を本書でまとめている。

18）福島県いわき市において、市民、行政、建築関係者が組織した「いわきまちづくりコンクール実行委員会」が中心となって開催されたコンクール。1995年から2002年まで続けられ、審査委員長は延藤安弘氏（当時、熊本大学教授）、委員として環境建築家の岩村和夫氏、長澤悟氏（当時、日本大学教授）他が参加し、筆者も第2回から連続して審査をさせていただいた。そのモデルとなったのは世田谷まちづくりコンクールであり、住み手応募型の「いわきの家」設計コンペにおける公開審査の方式も、当時話題となった。

19）詳しくは、『対話による建築・まち育て―参加と意味のデザイン』（学芸出版社、2001年）第3章の拙稿「私からほとばしる公共性－「参加」による意味の変換－」を参照していただきたい。

20）山脇直司氏（東京大学名誉教授）の出した概念であり、個人一人ひとりを活かしながら、民（たみ、市民、国民、住民の総称）の公共的活動や見解を開花させ、政府の公的活動を開いていくライフスタイルとそれを支えていく生き方を指す（2012年「新しい公共をつくる市民キャビネット」主催による講演より）。主な著書に、『公共哲学とは何か』（ちくま新書、2004年）、グローカル公共哲学（東京大学出版会、2008年）、公共哲学からの応答（筑摩書房、2011年）ほか。

21）こみせTrustを敢行したグループの一員として、本業である呉服商とはまったく関係なく、こみせ通りの保全を基本として中心市街地活性化に尽力された私の尊敬する「まち育て人」。買い取った建物の中で物販を行う「商舎」の社長として活動され、その後TMO津軽こみせの社長も務められ、全国に誕生したTMOの中でも出色の事業を展開されたが、2005年11月末に急逝された。Trustのローン返済が翌月上旬に終わるということで、翌年1月のパネリストの依頼を兼ねて、2人で翌日に飲む約束をした夜半のことだった。

22）いわゆる、開発トラストと呼ばれるものである。英国においては、その環境がそこに存在すること自体を保障することに対して、何某かの金額を支払ってもよいと考える人々が、お金を集めて、その環境の開発を抑えるという手法として、定着している。

23）レイ・オルデンバーグは著書『The Great Good Place』の中で、ファースト・プレイスを自宅、セカンド・プレイスを職場、そしてサード・プレイスをコミュニティライフのアンカーともなるべき所でより創造的な交流が生まれる場所としている。

24）2013（平成25）年に「全国まちなか広場研究会」が発足することになった。第一回の富山市の総曲輪グランドプラザに始まり、アオーレ長岡、姫路駅前広場、札幌駅前および大通り地下街、グランフロント大阪と、全国の先進的なまちなか広場で、年に一度全国大会を開催しながら、「ヒロバニスト」の拡大を目指している。会長は宮口侗廸氏（早稲田大学名誉教授）、事務局長は山下裕子氏であり、筆者も副会長を務めさせていただいている。

25）筆者は博士論文の中で、公園や広場のような公的空間ではなく、あくまでも私的スペースでありながら、公共性を持つ空間としての住居系市街地の住戸まわり及び商業地域のSmall-Urban-Spacesの存在を明らかにし、そこで発生する相互浸透的な公私の交換関係に着目することにより、「動き」を前提とした中間領域論を展開して、その特性を活かした都市空間の創出の可能性を提示したが、そこで黒石の「こみせ」という実体は、非常に示唆的な存在であった。

26）まち歩きを子どもたちと進めていく手法の一つ。住宅地図を拡大したものを貼り合わせて体育館やホールの床に並べ、その上をガリバーになった気分で、子どもたちが歩き、さまざまな書き込みをしていく。交通事情等で安全性を重視し、また短時間で地域を歩くという観点から用いられることが多い。世田谷区で実施されたのが最初の試み。

27）再開発コーディネーター協会に設けられた、メインストリート・プログラム委員会（委員長：中井検裕氏、東工大教授）の議論の延長上に、わが国独自に事業展開していくことを考え、日本語表現を意識して設置された委員会。

28）前掲の委員会を全国に展開していく組織として、再開発コーディネーター協会の中で、委員会の議論や米国の視察に参加してきたメンバーたちが結成したNPO法人。筆者も顧問をさせていただいている。文中の内藤英治氏は、副理事長。

29）横町十文字まちそだて会の副理事長を務める工藤勤氏が店主の「靴のスミトモ」のプレミア商品。天然のゴムのみで一品一品が制作されるという手作りの長靴であり、古くから地域では愛用されていたが、現在は全国からのインターネットを用いた注文販売が殺到しており、順番待ちの状況である。

30）1982年9月に出された戸沼幸一氏（早稲田大学名誉教授）の著書『あづましい未来の津軽—地域学習のための津軽三十三カ所めぐり』で初めて見た「あづましい」という言葉であるが、北東北および北海道で使われることが多い。総じて「居心地がよい」ことを表すが、表記を含めて津軽と北海道では異なっており、北海道では「吾妻しい」から「あづましい」という表記になるものの、津軽を中心に北東北では「あずましい」と表されることが一般的である。「吾妻しい」は、吾が妻がそばにいるような安らいだ気分を意味するが、「あずましい」を表す漢字は「安住ましい」であり、どうやら「あんじゅうましい」からの変容とみなせそうである。

31）弘前を中心とした津軽地方には、「武学流」あるいは「大石武学流」と呼ばれる様式による庭園が数多く残っており、それは黒石市のこみせ通りにも存在している。

32）仙北市角館町では、重伝建地区に選定されている内町（武家屋敷通り）だけではなく、古くから店舗が立ち並ぶ外町にも、立派な内蔵を持つような商家が点在している。とは言え、内部にあるために公開されることはほとんど無かったが、秋田公立大学の美術家や地元出身のアーティストがコラボする形で、美術作品を展示する企画を、安藤大輔氏（角館観光協会会長）が中心となって、2013年にスタートさせた。クラシックには蔵の意味が内包されている。またこの活動のきっかけとして、地元出身の美術家である佐藤励氏、山田美千男氏らが中心となって立ち上げた「想'nicアート」という外町全体を展示空間に想定したアートイベントがあり、筆者も大学院生の津田純佳さん（現在イタリア留学中）を中心に、協力させていただいていた。

33）国土交通省ホームページ（www.mlit.go.jp/road/road/traffic/chicyuka/index.html）に、無電柱化推進の考え方や新しい手法が紹介されているが、黒石で今回試みられた手法は、わが国初の考え方であると言ってよい。

34）シャレットとは、そもそも、パリの国立美術学校（エコール・デ・ボザール）で設計課題の締め切り間際に、荷車にさまざまな道具を乗せて、徹夜必至態勢で学生たちが駆け込んでいく姿から生まれた言葉であり、ニューヨーク現代美術館（MOMA）の国際指名設計競技で日本の谷口吉生氏が最優秀に選ばれた際にも、建築家たちを一定期間缶詰にするというスタイルで話題になった。日本建築学会都市計画委員会ではデザイン教育小委員会（主査：小林正美明治大学教授）が中心となって、学会大会が開催される地域で全国から都市計画、デザインを専攻する大学院生を毎年30～40名集め、私を含め、指導スタッフが10名程度、そして地域の専門家、自治体職員にも加わっていただき、同様のスタイルで地域提案型のワークショップを実施してきている。2005（平成17）年度の大阪を皮切りに、逗子（神奈川）、柳川（福岡）、宇部（山口）、黒石（青森）、大野（福井）、石巻（宮城）、松阪（三重）、札幌、大阪、小田原（神奈川）、杵築（大分）、松江（島根）と展開してきており、平成30年度は、紫波（岩手）で実施する予定となっている。

35）海道晴信氏のコンパクトシティに関する著作としては、『コンパクトシティ―持続可能な社会の都市像を求めて』（学芸出版社、2001年）、『コンパクトシティの計画とデザイン』（学芸出版社、2007年）がある。

36）平成25年11月1日～2日で、東北大学さくらホールで開催された、一般財団法人計量計画研究所、ベルリン日独センター、東北大学の共催による国際シンポジウム。ドイツ側からは、S. Kröhnert (Berlin Institute for Population and Development)、T. Schaumberg (Vogelsberg Consult GmbH,Gesellschaft für Regionalentwicklung und Wirtschaftsförderung GmbH)、M. Hoppe-Kilpper (IdE Institut dezentrale Energietechnologien gemeinnützige GmbH)等が出席され、日本側からは、大村謙二郎氏（当時、筑波大学教授）、小磯修二氏（北海道大学特任教授）、奥村誠氏（東北大学教授）、大泉一貫氏（宮城大学副学長）、そして私が参加して開催された。

37）『都市をたたむ』というショッキングなタイトルの著書が、饗庭伸氏（首都大学東京）により2015年12月に花伝社から出版されている。

38）2015（平成27）年4月に東北大学川内キャンパスで開催された、日本都市計画学会東北支部（支部長：北原啓司）主催のシンポジウム「東北発コンパクトシティの実現に向けて－立地適正化計画制度の可能性－」。

★関連文献

（1）佐藤滋・北原啓司ほか「まちづくりの科学」（鹿島出版会、1999年）
（2）北原啓司、「対話による建築・まち育て」（学芸出版社、2003年）
（3）北原啓司、「都市オープン・スペースにおける中間領域の成立構造」（東北大学博士学位論文、2003年）
（4）北原啓司「まち育てのススメ」弘前大学出版会、2009年
（5）村上早紀子「地域モビリティを育てる「Co交通」の形成に関する研究」（弘前大学博士学位論文、2017年）

★参考文献

（1）篠原一『市民参加』（現代都市政策叢書、岩波書店、1977年）
（2）奥田道大『住民参加の現状と課題』（現代のエスプリNo.158、至文堂、1980年）
（3）ジャン＝フランソワ・リオタール（小林康夫訳）『ポストモダンの条件』（水声社、1986年）
（4）ニック・ウエイツほか（塩崎賢明訳）『コミュニティ・アーキテクチュアー居住空間の静かな革命』（都市文化社、1992年）
（5）安達正範、鈴木俊治ほか『中心市街地の再生—メインストリートプログラム』（学芸出版社、2006年）
（6）レイ・オルデンバーグ（忠平美幸訳）『サードプレイス』（みすず書房、2013年）

2016年11月 住総研 清水康雄賞表彰式
前列中央が筆者。主催者・審査委員とともに。

一般財団法人 住総研 http://www.jusoken.or.jp/

当財団は、故清水康雄（当時清水建設社長）の発起により、1948（昭和23）年に東京都の認可を受け、「財団法人新住宅普及会」として設立されました。設立当時の、著しい住宅不足が重大な社会問題となっていたことを憂慮し、当時の寄附行為の目的には、「住宅建設の総合的研究及びその成果の実践により窮迫せる現下の住宅問題の解決に資する」と定めております。その後、住宅数が所帯数数を上回り始めた1972（昭和47）年には研究活動に軸足を置き、その活動が本格化した1988（昭和63）年に「財団法人 住宅総合研究財団」と名称を変更。さらに、2011（平成23）年7月1日には、公益法人改革のもとで、「一般財団法人 住総研」として新たに内閣府より移行が認可され、現在に至っております。一貫して「住まいに関わる研究並びに実践を通して得た成果を広く社会に公開普及することで住生活の向上に資する」ことを目的に活動をしております。

住　所　〒103-0027　東京都中央区日本橋3－12－2
朝日ビルヂング2階
TEL. 03－3275－3078（研究推進部）

事務局（編集担当）　道江紳一　一般財団法人住総研
馬場弘一郎　一般財団法人住総研
岡崎愛子　一般財団法人住総研

■ 著者プロフィール

北原啓司（きたはらけいじ）

弘前大学大学院地域社会研究科研究科長、教育学部教授。1956年伊勢市生まれ、東北大学大学院工学研究科博士課程修了。東北大学建築学科助手を経て、2003年より教育学部教授。専門は「まち育て」。学会や各自治体の都市計画や住宅政策、景観に関わる委員を務める傍ら、東日本大震災以来、国土交通省、大船渡市、宮古市、石巻市等の震災復興に関わる様々な委員を務める。日本都市計画学会副会長、東北支部長。著書に『まち育てのススメ』（弘前大学出版会）、『対話
による建築・まち育て』（共著、学芸出版社）、『まちづくり
丸善）ほか。2001年よりコミュニティFMアッ
で「まち育てないと」のDJを担当。2016年、
清水康雄賞を受賞。一級建築士。

住総研住まい読本

「空間」を「場所」に変えるまち育て

――まちの創造的編集とは――

2018年4月25日　初版発行

著　者　**北原啓司**

発行所　**萌文社**

発行者　谷　安正

〒102-0071東京都千代田区富士見1-2-32 東京ルーテルセンタービル202

TEL　03-3221-9008

FAX　03-3221-1038

Email　info@hobunsya.com

URL　http://www.hobunsya.com/

郵便振替 00910-9-90471

装　丁　椙澤清次郎（アド・ハウス）

印　刷　シナノ印刷株式会社

ISBN978-4-89491-353-0